防灾避险
安全生活 一点通

颜 俊 / 主编

辽宁科学技术出版社

·沈阳·

编委会成员

龚淑云　黄于新　杨俊　陈勇　吴耀耀　林桂明　罗永正　胡永济

图书在版编目（CIP）数据

防灾避险安全生活一点通 / 颜俊主编 . —沈阳：辽宁科学技术出版社，2012.12
ISBN 978-7-5381-7736-7

Ⅰ . ①防… Ⅱ . ①颜… Ⅲ . ①防灾 - 基本知识 Ⅳ . ① X4

中国版本图书馆 CIP 数据核字（2012）第 246213 号

策划制作：深圳市无极文化传播有限公司（www.wujiwh.com）

出版发行：辽宁科学技术出版社
　　　　　　（地址：沈阳市和平区十一纬路 29 号　邮编：110003）
印　刷　者：深圳市新视线印务有限公司
经　销　者：各地新华书店
幅面尺寸：170mm×240mm
印　　张：13
字　　数：320 千字
出版时间：2012 年 12 月第 1 版
印刷时间：2012 年 12 月第 1 次印刷
责任编辑：刘晓娟　修吉航
封面设计：李　露
责任校对：众　力

书　　号：ISBN 978-7-5381-7736-7
定　　价：28.80 元
联系电话：024-23284376
邮购热线：024-23284502
E-mail:lnkjc@126.com
本书网址：www.lnkj.cn/uri.sh/7736

前　言

突如其来的天灾人祸，
难以预料的社会安全事件，
触目惊心的食品安全问题，
防不胜防的家庭事故，
百年不遇的异常天气……
您觉得自己安全吗？

现代社会中，人们可能遭遇到各类人身意外、自然灾害、事故灾难、社会安全和饮食安全事件等。针对这些突如其来的事故，我们有必要详细了解应对方法，方能脱离险境、保护自己。

本书集合了各界专家学者，全面介绍了有关个人防护与应急的几个方面的内容。

一是防护与应急必备的常识以及日常生活中应备的应急物品，一旦发生意外灾害，可以更好地进行自救与互救。

二是饮食安全，告诉人们如何防止食物中毒，如何吃才能健康安全。

三是突发社会安全事件应对，如面对诈骗、抢劫、挟持等事件时的基本应对方略。

四是常见的个人危机状况应急对策，如溺水、触电、中暑、烫伤、烧伤与冻伤的应急处理等。

五是如何冷静地面对自然灾害，如地震、海啸、泥石流、台风、暴雨来临时，不再束手无策。

六是学会生活中常见的事故灾难应急处理，如电梯故障、火灾、家庭装修污染事故、交通事故、爆炸事故等。

通过本书，人们可以学习各类安全知识，认识各种预警信号，了解事故应对措施，懂得必要的急救、避险常识，从而在危害来临时更好地自救和救助他人。

目 录

第一章　应急常识

第二章　急救措施

第三章　自然灾害

第四章　事故灾难

第五章　公共卫生事件

第六章 社会安全事件

第七章 食品安全

第一章　应急常识

在我们平静生活的表面下，

潜藏着种种可能的危险，

一不小心，

它们会无情地伤害我们，

甚至，夺去我们的生命！

或许，

当我们面对危险的时候，

也曾不断努力为自己寻找生的机会，

然而，

还是有很多人，

因为没有找到正确的方法而发生悲剧……

掌握安全应急的常识，

与您的生活和生命息息相关。

生活中有哪些突发事件

突发事件，是指突然发生，造成或者可能造成重大人员伤亡、财产损失、生态环境破坏和严重社会危害，甚至危及公共安全的紧急事件。生活中的突发事件类型太多了，如：失火、溺水、车祸、疾病、创伤、抢劫、杀人……再有能耐的人也不可能应付得了各种突发事件。无论面对什么样的突发事件，都必须做到沉着冷静，快速反应，及时求救，并且平时要多积累一些安全知识。

自然灾害

主要包括：水旱灾害、气象灾害、地震灾害、地质灾害、海洋灾害、生物灾害、森林火灾等。

事故灾难

主要包括：各类安全事故、交通运输事故、火灾事故、公共设施和设备事故、核与辐射事故、环境污染和生态破坏事故等。

公共卫生事件

主要包括：传染病疫情、群体性不明原因疾病、食品安全和职业危害、动物疫情以及其他严重影响公众健康和生命安全的事件。

社会安全事件

主要包括：恐怖袭击事件、民族宗教事件、经济安全事件、涉外突发公共事件和群体性事件等。

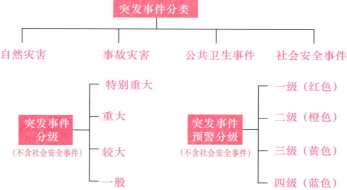

常用报警电话

安全和生活之间有自己的游戏规则，生活关注安全，安全呵护生活。切记，在任何突发事件发生后，都要保持头脑清醒和平常心，及时拨打报警电话求救，做出正确的决定，千万不要冲动。

"110" 报警电话

什么情况下可拨打 110 报警电话

1. 正在发生杀人、抢劫、绑架、强奸、伤害、盗窃、贩毒等刑事案件时。

2. 正在发生扰乱商店、市场、车站、体育文化娱乐场所公共秩序，赌博、卖淫嫖娼、吸毒、结伙斗殴等治安案件时。

3. 发生各种自然灾害事故时。

4. 发生重大责任事故时。

5. 突遇危难无力解决时。

6. 要举报违法犯罪线索时。

警察，你好，这里有抢劫……

拨打 110 的注意事项

1. 一定要在就近的地方，抓紧时间报警，越快越好。任何有电话的单位、个人及公用电话都应为报警人提供方便。

2. 报警时要按民警的提示讲清报警求助的基本情况；现场的原始状态如何；有无采取措施；犯罪分子或可疑人员的人数、特点、携带物品和逃跑方向等。拨打 110 还要提供报警人的所在位置、姓名和联系方式。

3. 无特殊情况，报警后应在报警地等候，并与民警和 110 及时取得联系。有案发现场的，要注意保护，不要随意翻动。除了营救伤员，不要让任何人进入。

"119"火警报警电话

拨打 119 火警报警电话时应掌握以下几个环节：

1. 说清起火单位及其街、路、门号。

2. 说清起火部位、着火物资和火势大小。

3. 有无人员受困。

4. 报警人的姓名及电话，方便与消防队随时取得联系。

5. 报警后，立即派人到路口迎候消防车。

为什么火警电话选择 119

简单易记是关键：世界各国的火警号码都不相同，但每个国家都选取了简单、通俗易懂、让人们最容易记住的数字来组成火警号码。比如盗匪报警电话 110，查询号码 114 等。

谐音："1"在古代时候念作"幺"，它跟"要"字同音。"9"同"救"于是"119"就是："要要救"。

与消防日吻合：119 同中国消防日（11 月 9 日）是同一数字，更加确立了消费火警电话为 119。

"120"急救电话

在家、在单位、在公共场所，如果发生了急重病人和意外受伤时，请立即拨打 120 急救电话，向急救中心求救。急救中心会立即派出医生和救护车，到现场进行抢救，并把病人快速送到医院。

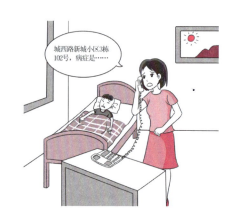

拨打 120 时应注意的事项

1. 拨打 120 电话时，应切勿惊慌，保持镇静、讲话清晰、简练易懂。

2. 呼救者必须说清病人的症状或伤情，便于准确派车。讲清现场地点、等车地点，以便尽快找到病人。留下自己的姓名和电话号码以及病人的姓名、性别、年龄，以便联系。

3. 等车地点应选择路口、公交车站、大的建筑物等有明显标志处。

4. 等救护车时不要把病人提前搀扶或抬出来，以免影响病人的救治。

"122"交通事故报警电话

在遇到交通事故时，用手机或到邻近的地方拨打"122"交通事故报警电话。如果你的手机号码不是在发生交通事故所在地办理的业务，拨打时加当地的区号即可。

D18091

拨打 122 报警电话的注意事项

1. 不要慌张，吐字要清晰，这样有利于接警人员听得清楚明白，不会造成时间上的拖延。

2. 求助人或目击者应讲明事故发生的地点、车牌号码、伤亡损失程度以及是否需要医护人员帮助等情况，以便公安交警部门采取相应的救援、处理措施。

3. 若遇有肇事逃逸，应讲明是驾车还是弃车逃逸以及车型车号、逃逸方向等，这样就为交警追逃、侦破提供了及时准确的信息。

4. 报案时还应说明是否造成交通阻塞，影响道路通行。

5. 如因交通事故引起火灾的，应先报火警 119，再拨打 122 报警。

温馨提醒

◇需要报警、求助时，可通过有线电话（普通市话、投币电话、磁卡电话）、移动电话（手提电话）等，不用拨区号，直接拨打，即可接通当地相应的报警电话。

◇拨打报警电话，电讯部门免收报警人的电话费，投币、磁卡电话不用投币或插磁卡，直接拿起话筒即可拨通。

◇任何一台手机，在欠费、无信号的情况下都可以拨打紧急报警电话，例如 110、120 等，而且每部手机出厂后就自带了一个紧急呼叫的强制功能，所以无 SIM 卡也可以拨打紧急求助电话。但手机一定要有电才可拨打。

装配应急箱

面对重大自然灾害，尤其不可抗的重大灾害，生命是脆弱的。所以在家配备应急箱是非常有必要的。应急箱大体可以满足重大灾害发生时幸存人员的自救需要，可以最大限度地延长幸存人员等待救援的时间。那么，这种"防灾应急箱"中究竟有哪些物品呢？

物品清单

1. 家庭应急食品

①干粮：面包、饼干、方便面等（定期更换）。

②饮用水：桶装、瓶装（定期更换）。

③罐装食品（定期更换）。

2. 家庭应急药品

①外用药：红药水、碘酒、烫伤药膏、眼药水、消炎粉、创可贴。

②内服药：退热片、保心丸、止痛片、止泻药、抗生素。

③医用材料：三角巾、止血带、绷带、胶布、剪刀、酒精棉球、体温计。

这是咱家的小药箱啊！家里有突发事件，就可派上用场了！

妈妈，准备这么多药，有什么用啊？

3. 家庭应急器具

①逃生绳、氧气袋、安全带。　②锤子、钳子、改刀、家用灭火器。

③家用应急照明灯、手电筒。　④手机、无线收音机。

⑤火柴、打火机、塑料布。

保存与更新应急箱

1. 将罐头食品置于干燥、阴凉处。

2. 将食品储藏在密封袋或罐内。

3. 留意保质期，注意更新。

4. 每6个月更新一次应急箱中的食品和水。

5. 选择易搬运的塑料箱、背包或露营包作为应急箱。

根据实际情况装配应急箱

1. 家里：物品齐全，可供全家用一天。

2. 工作地：主要准备食物和水。

3. 私家车：主要准备食物、水、医疗急救箱、手电筒等。

个人求生技能

也许这些求生技能，就可以让一个人从死神的门前跨回来，这就是核心内容。当然，任何技巧方法都不是万能的。当我们遇到危险时，首先要尽快地镇静下来，迅速对自己所处的环境进行安全判断，然后再根据生存技巧的指引，随机应变地做出反应。

个人生存的基本条件

1. 个人生存的基本条件是空气、饮水、食品和基本生存空间。

2. 空气是第一位，如果没有空气，只能存活几分钟。

3. 没有水，一般可以存活7天。

4. 没有食品，靠自身的营养储备，只要有空气、饮水，可以存活15天左右。

5.人们为了生存，至少应有能让头和手脚自由活动的空间，否则人也无法生存下去。

人被埋困时如何寻求空气来源

1.人遇险被埋后一旦清醒，要慢慢活动头和四肢，清理口鼻、面部的泥沙，以获得自由活动和呼吸的条件。

2.设法清除身边的泥土和障碍物，力求扩大自由活动和呼吸空间。

3.不要乱喊乱叫，焦躁不安，尽量减少氧气的消耗。

4.当感觉憋气时，可寻找周围缝隙，贴近呼吸，注意有光的缝隙，是较好的空气来源通道。

密闭房间的呼吸环境如何保护

1.当人们被毒气、烟火包围时，可以集中保护一个密闭房间，隔离毒气、烟火和高温。

2.清除房内的有毒有害物品，加强房间的气密性、坚固性、耐热性和耐燃性。

3.注意收集饮用水、食品。

4.保持冷静，不点明火，减少室内氧气的消耗。

5.向外发出求救信息。

6.保持卫生，收集、封存带异味的物质。

如何撤离缺氧场所

1.先用水湿、尿湿的纺织物捂住口鼻，采取低姿或匍匐动作，认准方向，向出口处快速运动。

2.也可憋足一口气，低着身子，向出口处奔跑，逃离缺氧场所。

在缺水的情况下如何生存

1.正常情况下，体重 60 千克的健康人，每天约需 2.5 升水。在失去饮用水源时，要设法保护现有饮水不受污染，学忍耐干渴，每次用水润湿口腔、咽喉，减少水的消耗。

2.多吃以碳水化合物为主的蔬菜、瓜果及根叶类食品。

3.如干渴难忍，还可用舌贴地、墙等办法吸潮解渴。

如何收集尿液过滤饮用

在饮水困难时，尿液可以应急解渴。可用小桶盛尿，内置砂、泥土、卵石、木炭等过滤物质，在桶底钻个小孔，过滤后较为清洁，加少量饮用水后可直接饮用。

如何从污水中制取饮用水

1. 在战争或洪水灾害中，清洁水受到严重污染不能直接饮用时，可以将污水盛入桶中，再放一定量的消毒片、明矾等，搅拌、过滤后方可饮用。

2. 可用砸碎后的仙人掌、霸王鞭等植物作为清洁剂。注意过滤后的水要无怪味、无气泡、无颜色方可饮用。

野外徒步支招

1. 野外徒步前准备好应急工具。包括：背囊、绳索、电筒、指北针、求生哨、求生刀具、求生小型组合工具、手表、通信工具、帐篷、睡袋和防潮垫、生火工具、水壶、望远工具、收音机、照相机、备用食品等。

2. 利用自然特征判定方向。可利用标杆、北极星等辨别方向。在野外迷失方向时，切勿惊慌失措，而是要立即停下来，冷静地回忆一下所走过的道路，想办法按一切可能利用的标志重新制定方向，然后再寻找道路。

3. 采捕食物获取饮用水，保证充足的体力。野外生存获取食物的途径主要有两种。一种是猎捕野生动物，另一种是采集野生植物。获取饮用水的途径通常有两条：一是挖掘地下水，二是净化地面水。

4. 扎营。扎营前要准备好帐篷，有条件的可以准备睡袋。要在远离野兽的地方扎营，在洪涝季节，尽量不要在河边扎营。

第二章　急救措施

生活中，

随时都有可能会遇到意外的危险或疾病，

与其等待灾难降临时的束手无策，

不如及时学习自救方法，

虽然我们不是专业的医护人员，

但学习一些有效的急救、自救措施，

或许可以挽救自己，

也能帮助别人脱离危险。

在危险来临时，

每个人都可以是救星，

都能最大限度地避免伤亡。

挽救生命，

不仅仅是医护人员的职责，

对于每一个普通公众来说，

都是一件无比高尚和有意义的事情。

心肺复苏法

　　猝死、溺水、触电、窒息、中毒、失血过多时，常会造成心脏停跳。心跳、呼吸骤停的急救，简称心肺复苏。因此，当有人因意外事故或疾病而出现心跳、呼吸不规则或停止时，一定要分秒必争，采取急救措施。人工呼吸和胸外挤压，是急救措施中最主要的两种方法。

胸外心脏按压

　　1. 左手掌放在病人胸骨中下 1/3 处，右手掌放在手背上。（注意：抢救成人用双手，儿童用单手，婴儿用中指、无名指。）

　　2. 手臂伸直，垂直下压胸腔 3~5 厘米（儿童 3 厘米，婴儿 2 厘米），然后放松，放松时掌根不要离开病人胸腔。

　　3. 挤压要平稳、有规则、不间断，不能冲击猛压。

　　4. 成人每分钟 80~100 次，儿童每分钟 100 次，婴儿每分钟 120 次。

对小孩急救则用单手按压。

对婴儿急救则用中指和无名指按压。

左手掌放在病人胸骨中下 1/3 处，右手掌放在左手背上。

人工呼吸

人工呼吸就是人为地帮助伤病患者进行被动呼吸活动，达到气体交换，促使患者恢复自动呼吸的救治目的。

1. 如果病人口中有异物，要先清除，疏通气道。

2. 一手捏住病人鼻翼两侧，另一手食指与中指将其下颌抬高，深吸一口气，用口对准病人的口吹入，吹气停止后放松鼻孔，让病人也从鼻呼气，以此反复进行。

3. 成人每分钟14~16次，儿童每分钟20次，最初6次吹气快一些，后转为正常速度。

4. 注意观察病人胸部，操作正确能看到胸部有起伏，并感到有气流逸出。

深吸一口气，用口对准病人的口吹入　　　　吹气停止后放松鼻孔，让病人也从鼻呼气

◇心跳骤停3~4分钟内，可实施心肺复苏法。

◇实施心肺复苏法时，应将病人仰卧在平地或硬板上，头部不要高于心脏水平面，以利按压时增加脑部血流，双下肢抬高15°，利于下肢静脉回流，以增加心脏排血量。

◇进行胸外心脏按压时，只用掌根部，手指不要压病人胸肋，以免造成肋骨骨折。有条件时，最好让专业人员操作。

◇在实施胸外心脏按压的同时，应交替进行人工呼吸。通常单人抢救时每做30次胸外按压做2次人工呼吸，双人抢救时与单人抢救比例相同。

◇施救者在体力允许的条件下，应连续对病人实施心肺复苏法，尽量不要停止，只要病人还有一线希望，就不可随意放弃人工呼吸。直到病人恢复呼吸和脉搏，或有专业急救人员到达现场。

猝死

平时貌似健康的人，因潜在的自然疾病突然发作或恶化，在正常工作、生活或运动时，身体某器官不堪负荷，突然昏倒在地，意识丧失，面色死灰，脉搏消失，呼吸、心跳停止，瞳孔放大，这种突然发生的自然死亡叫"猝死"。

多数人"猝死"前无明显预兆，或发生在正常活动中，或在安静睡眠中。有些患者以前有过心绞痛发作史，心绞痛突然加剧，表现为面色灰白、大汗淋漓、血压下降，特别是出现频繁的室性早搏，这些都是"猝死"的先兆。

发现有人猝死怎么办

第一件事就是立即拨打 120 急救电话，然后再用心肺复苏法抢救。

猝死患者成功救治率极低，源于大部分病人没有在 4 分钟的"黄金抢救期"内得到正确的复苏救治。如果超过 6 分钟未及时抢救，患者即使再被救活也可能成为植物人。

当发现有人突然意识丧失而倒地时，应立即就地将病人平放在硬板或地上，拍击其面颊并呼叫，同时用手触摸其颈动脉部位以确定有无搏动，若无反应且没有动脉搏动时，就应立刻进行心肺复苏。首先使其头部后仰以畅通气道，继之进行有效的胸外按压，同时进行口对口人工呼吸。这些基本的救治措施应持续进行到专业急救人员到场。

1.立即拨打 120 急救电话。

2.拍击其面颊并呼叫，同时用手触摸其颈动脉部位以确定有无搏动。

3.立刻进行心肺复苏。

4.口对口人工呼吸。

5.这些基本的救治措施应持续进行到专业急救人员到场。

预防为主，给自己一个健康的身体

坚持体育锻炼： 运动能增加心肌收缩能力，增加机体免疫力，增强机体抗病的能力，还可以加快人体的新陈代谢，推迟神经细胞的衰老，帮助废物排除，从而起到预防作用。

保持心情舒畅： 当一个人感到烦恼、苦闷、焦虑的时候，其身体的血压和氧化作用就会降低，而人的心情愉快时，整个新陈代谢就会改善。烦闷、焦虑、忧伤是发生猝死的内在因素。因此，要学会调节生活，增加精神活力，让紧张的神经得到松弛。

适度休息： 长期通宵达旦地工作或熬夜，会使体内产生许多毒素，加速能量的消耗，使身体快速疲劳，发生猝死。所以，一旦有疲劳的感觉，就应该及时进行调整和休息，做到劳逸结合，张弛有度。

定期体检： 无论中青年还是老年人，也不论体力劳动者还是脑力劳动者，最好每年做一次体检，重要的是要保持体检的连续性，不要中断，以便早期发现高血压、高血脂、糖尿病，特别是隐性冠心病，防患未然。

温馨提醒

◇不能随意搬动病人。运送病人必须使用急救车，避免运送途中停止抢救。

◇对有意识的病人可根据既往病情及现场情况，紧急服用急救药物。心绞痛病人舌下含服硝酸甘油或服用消心痛、速效救心丸等。病因不明或意识不清的病人不要随意给药，防止误治及呼吸道梗阻。

◇适当参加体育活动，戒烟酒，避免长时间紧张的脑力劳动和情绪激动，积极防治冠心病，认真治疗高血压等慢性病。

抓住黄金抢救期，4分钟内复苏成功率最高

某医院接到120急救中心电话，附近工地一名正在工作的男性工人突然倒地，情况危急。4分钟后，救护车到达现场，此时病人已神志不清、口唇紫绀、瞳孔散大、全身湿冷且呼吸心跳停止。

当120赶到时，一名工友正在为病人做胸外心脏按压。医生立即开展抢救，经过呼吸气囊对其进行辅助呼吸，并给予胸外心脏按压。在对患者给予电除颤后，前三次其心跳都未恢复，第四次终于成功！随即病人被安全转运到医院接受又一轮抢救。

如果不是工友及时发现并在4分钟之内的黄金时间进行心脏复苏抢救，病人将在约4~6分钟进入不可逆的生物学死亡。猝死多数在家中或正常工作中发生，因此，争分夺秒的即时现场救护显得非常重要，直接决定能否成功挽救患者生命。

晕厥

晕厥主要是由于大脑一时性缺血所导致的瞬间知觉丧失，表现为突然意识丧失，摔倒在地，片刻后即恢复如常，俗称昏倒或昏厥。它的发生往往与体位突然改变有关，其特点是突然发生、很快消失，数秒后或调整姿势后可自动恢复正常。造成脑血流量突然减少的原因有：血压急剧下降，心排出量骤然减少，脑动脉急性而广泛的供血不足。

晕厥的症状

发作前，病人一般无特殊症状，常自感头晕、恶心，很快即眼前发黑，全身软弱无力而倒下。发作时病人常有面色苍白、血压下降、瞳孔散大、光反射迟钝、呼吸减弱等症状。

晕厥的现场救护

1. 立即将病人放平，松开紧身衣扣，并将双下肢抬高，呈头低脚高位，以利于畅通呼吸和增加脑部血液供应，同时查看病人的呼吸和脉搏，有条件的可给予吸氧。

2. 让病人处于空气流通处，立即掐人中、中冲、合谷穴，另可让病人嗅氨水，有助于病人恢复意识。提示：人中为人中沟上中 1/3 交界处；中冲为中指指端的中央；合谷为手部第一、二指骨间。

如发现晕厥时病人面色潮红、呼吸缓慢有鼾声，脉搏低于 40 下 / 分或高于 180 下 / 分，则可能是心脑血管疾病所致，应及时拨打 120，以免贻误治疗时机，造成严重后果。

3.清醒后，如有条件，可饮一杯热咖啡。如果怀疑晕厥和低血糖有关，可适量饮糖水。

4.如发现晕厥时病人面色潮红、呼吸缓慢有鼾声，脉搏低于 40 下 / 分或高于 180 下 / 分，则可能是心脑血管疾病所致，应及时拨打 120，以免贻误治疗时机，造成严重后果。

引起晕厥的原因

反射性晕厥： 常见于单纯性晕厥（血管迷走性晕厥、血管减压性晕厥）、颈动脉窦性晕厥、直立性低血压性晕厥（体位性低血压）、排尿性晕厥、吞咽性晕厥、咳嗽性晕厥、仰卧位低血压性晕厥。

心源性晕厥： 常见于心律失常如阵发性心动过速、心动过缓 — 过速综合征；病态窦房结综合征及传导阻滞；心源性脑缺血综合征；先天性心脏病如法洛四联征、肺动脉高压、动脉导管未闭等；原发性肺动脉高压；左心房黏液瘤及左心房血栓形成等。

脑源性晕厥： 常见于脑血管疾病、窒息、高血压病等引起的脑局部供血不足；神经组织本身病变、颅内损伤、中毒等。

其他原因： 如过度换气综合征、低血糖、严重贫血、哭泣性晕厥等。

晕厥好转后不要急于站起，以免再次晕厥。必要时由他人扶着慢慢起来。

导览员急救晕厥老人

在西安世界园艺博览会上，有一位老年游客突然晕倒，导览员及志愿者在第一时间疏散了围观游客，及时拨打 120，并立即掐老人的人中、中冲、合谷穴。120 救护车到达后，经医生检查并无大碍。导览员们专业、热心的服务赢得了老人及其家人的一致赞许。

溺水

　　溺水是由于人体淹没在水中，呼吸道被水堵塞或喉痉挛引起的窒息性疾病。溺水时可有大量的水、泥沙、杂物经口、鼻灌入肺内，可引起呼吸道阻塞、缺氧和昏迷直至死亡。

　　溺水后常见病人全身水肿，紫绀，双眼充血，口鼻充满血性泡沫、泥沙或藻类，手足掌皮肤皱缩苍白，四肢冰冷，昏迷，瞳孔散大，双肺有啰音，呼吸困难，心音低且不规则，血压下降，胃充水扩张。恢复期则可能出现肺炎、肺脓肿。溺水的整个过程十分迅速，常常在4~5分钟或5~6分钟内即死亡。

　　因此，将溺水者救出水后，如果发现神志丧失、呼吸停止、颈动脉搏动消失，应立即进行心肺复苏术。

不会游泳者落水后的自救法

　　1.落水后不要心慌意乱，一定要保持头脑清醒。如果游泳时意外溺水，附近又无人救助时，首先应保持镇静，千万不要手脚乱蹬拼命挣扎，可减少水草缠绕，节省体力。只要不胡乱挣扎，人体在水中就不会失去平衡。这样你的口鼻将最先浮出水面可以进行呼吸和呼救。

　　2.落水后立即屏住呼吸，然后放松肢体，尽可能地保持仰位，使头部后仰口向上方，将口鼻露出水面，此时就能进行呼吸。

　　3.呼吸时尽量用嘴吸气、用鼻呼气，以防呛水。经过长时间游泳自觉体力不支时，可改为仰泳，用手足轻轻划水即可使口鼻轻松浮于水面之上，调整呼吸，全身放松，稍作休息后游向岸边或浮于水面等待救援。

　　4.千万不能将手上举或拼命挣扎，因为这样反而容易使人下沉。

会游泳者落水后的自救法

　　1.冷静选择最易接近的飘浮物或攀援物迅速靠拢。如果遇风浪时，首先要弄清它的方向，脸避开浪，转向另一侧吸气，以免呛水，也可以在水浪即将打来时，先吸足了气，然后把头埋入水中等浪头过后再露出水面换气。呼吸动作要与浪起伏相适应，否则呛水过多，容易发生危险。

　　2.会游泳者一般是因小腿抽筋而致溺水，此时一定不要慌张，先深吸一口气，把头潜入水中，然后像海蜇一样，使背部浮在水面，两手抓住脚尖，用力向自身方向拉。一次不行的话，可反复几次，肌肉就会慢慢松弛而恢复原状。如果逞强硬想上岸，往往会适得其反而溺毙。所以，在游泳时即使不发生抽筋，也要反复练习这种急救方法。

3.小腿抽筋一次发作之后，同一部位可能再次抽筋，所以对疼痛处要充分按摩并慢慢向岸上游去，上岸后最好再按摩和热敷患处。

4.如果手腕肌肉抽筋，自己可将手指上下屈伸，并采取仰面位，用脚部游泳。

发生溺水时的互救

1.救援者不要慌乱，应迅速地、尽可能地脱去衣裤，尤其要脱去皮靴、棉裤等，以免增加救援困难。

2.如溺水者不能活动，则救援者用左手从其左边握住其右手或抓住其头部，侧泳将其拖向岸边。

3.如溺水者尚能活动，则救援者可从背后抓住其上臂，将其推向岸边或拖向岸边。

4.救援者最好携带救生圈、木板、绳索、竹竿、小船等保护物品，以增加救援的安全性和把握性，尤其是在救援者的游泳技术不熟练时，注意勿被溺水者抱住，以免双双下沉。

5.如救援者不会游泳，则应高声呼救和摔下绳索、竹竿、木板等，待溺水者抓住后，拖其上岸。切忌贸然下水，增加救援的困难。

溺水者上岸后的急救措施

1.将溺水者平放在地面，迅速撬开嘴，清除口、鼻内的脏东西（如淤泥、杂草等），保持呼吸道通畅。

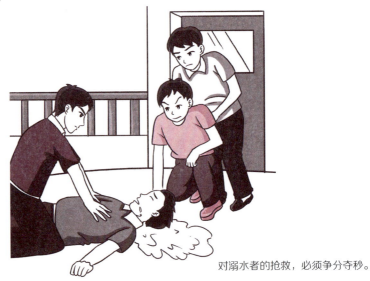

对溺水者的抢救，必须争分夺秒。

2.使溺水者趴在施救者屈膝的大腿上,按压背部迫使呼吸道和胃里的水排出。但排水时间不能太长,以免耽误抢救时间。

3.意识丧失、尚有呼吸心跳的溺水者要保持侧卧,并注意保暖,防止肺部感染或其他并发症的发生。

4.当溺水者呼吸极为微弱甚至停止时,立即进行人工呼吸和胸外心脏按压,如口对口呼吸、气管插管、吸氧等。

5.由于呼吸、心跳在短期恢复后还有可能再次停跳,应一直坚持救治到专业救护人员到来。经过上述抢救后必须立即送医院继续进行复苏后的治疗。

◇未成年人及水性较差者不宜下水救人,可采取报警求助的方式。

◇不要到坑、河、湖等非正式游泳场所游泳,不要到冰面上玩耍,儿童及水性较差者游泳时要有专人陪伴。

◇不要从正面去救援,否则会被溺水者抱住,让救援者也无法游动,导致双方下沉。

◇要从溺水者后方进行救援。用一只手从其腋下插入握住其对侧的手,也可以托住其头部,用仰游方式将其拖至岸边。拖带溺水者的关键是让他的头部露出水面。

◇不要盲目下水救人。尤其是水性不好的人,可在岸上将绳子、长杆、木板等投向溺水者,使其抓住,然后拖向岸边。与此同时,大声呼救。

溺水儿童被成功救活

2004年9月11日下午,广西宾阳县黎塘镇宾岭村一名7岁儿童不慎落入数米深的水塘里。正在30米外另一水塘边钓鱼的雷振靖闻讯后立即赶过来,奋不顾身地跃入水塘,将溺水儿童救上岸。溺水儿童被救上岸后,双眼紧闭,嘴唇发紫,气若游丝,十分危急。

只有14岁的雷振靖却十分沉着老练,果断地把溺水儿童头低脚高地放到地上,用手将溺水儿童肚子里的脏水挤压出来,然后,口对口地实施人工呼吸,同时按压胸腔。约20分钟后,溺水儿童的呼吸逐渐恢复,不久又睁开了双眼。闻讯赶来的大人们连忙将溺水儿童送往医院,在医生们的治疗下,溺水儿童很快就脱离了危险。医生们说,多亏抢救及时,急救措施得当,这位儿童才能从死神边擦肩而过。

触电

触电伤害的主要形式可分为电击和电伤两大类。触电伤害表现为多种形式。电流对人体的损伤主要是电热所致的灼伤和强烈的肌肉痉挛，影响到呼吸中枢及心脏，引起呼吸抑制或心跳骤停。严重电击伤可致残，直接危及生命。误触电路或使用漏电设备以及火灾、地震和大风灾害等导致漏电，都是造成触电的主要原因。

如何让触电者脱离电源

当发现有人触电，不要惊慌，首先要尽快切断电源。

对于低压触电事故，可采用下列方法使触电者脱离电源。

1. 如果触电地点附近有电源开关或电源插销，可立即拉开开关或拔出插销，断开电源。但应注意到拉线开关和平开关只能控制一根线，有可能切断零线而没有断开电源。

2. 可用有绝缘柄的电工钳或有干燥木柄的斧头切断电线，断开电源，或用干木板等绝缘物插到触电者身下，以隔断电流。

3. 当电线搭落在触电者身上或被压在身下时，可用干燥的衣服、手套、绳索、木板、木棒等绝缘物作为工具，拉开触电者或拉开电线，使触电者脱离电源。

4. 如果触电者的衣服是干燥的，又没有紧缠在身上，可以用一只手抓住他的衣服、拉离电源。但因触电者的身体是带电的，其鞋的绝缘也可能遭到破坏。救护人不得接触触电者的皮肤，也不能抓他的鞋。

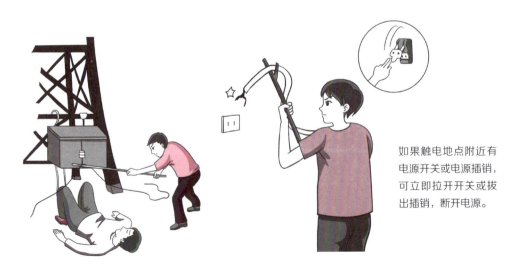

如果触电地点附近有电源开关或电源插销，可立即拉开开关或拔出插销，断开电源。

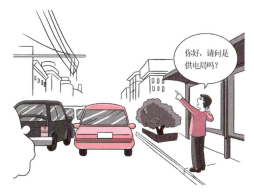

对于高压触电事故，可采用下列方法让触电者脱离电源。

1. 立即通知供电部门断电。

2. 专业人员带上绝缘手套，穿上绝缘靴，用相应电压等级的绝缘工具按顺序拉开开关。

3. 如果出事地点附近没有可以断开的开关设备，也可以抛掷裸金属线使线路短路接地，迫使保护装置动作，断开电源。注意抛掷金属线之前，先将金属线的一端可靠接地，然后抛掷另一端。在抛掷金属物时，应注意救护人员自身的安全，防止自身触电或被高压短路的电弧烧伤。同时也要注意抛掷的一端不可触及触电者和其他人。

发生触电时的急救办法

1. 发现有人触电，确定现场环境安全后才能进入现场救人。要立即切断电源，用干燥的木棒、皮带等绝缘物品挑开触电者身上的带电物品，立即拨打 120 急救电话。

2. 松开触电者的上衣领口和腰带，使其呈仰卧位，头向后仰，清除口腔中的异物，如有假牙应取下，以保持呼吸道通畅。

3. 触电不太严重，触电人神志清醒，只感到心慌、四肢发麻、全身无力或者曾一度昏迷，但很快恢复了知觉。在这种情况下，不要做人工呼吸和心脏挤压，应使触电者就地安静舒适地躺下来，休息1~2小时，让其慢慢地恢复正常，但应随时注意观察病情变化。

4. 触电很严重，呼吸已经停止时，应立即进行人工呼吸。如果呼吸停止，心脏也不跳动了，就应同时采用人工呼吸和心脏挤压两种方法进行抢救。

5. 抢救触电人，往往需要很长时间才能把人救活，因此抢救要耐心，中间不能停止。现场抢救中，不要随意移动触电人，若确需移动时，抢救中断时间不应超过 30 秒。经过长时间抢救后，如果触电者面色好转、嘴唇红润、瞳孔缩小、心跳和呼吸逐渐恢复，才能算初步脱离危险。只有在抢救确实无效，经断定触电人确已死亡，才能停止抢救。

6. 在触电急救过程中，不能乱打强心针。因为人触电以后，心脏在电流的作用下，心室可能呈现剧烈的颤动，如果盲目注射强心针，会增加对心脏的刺激，加快死亡。

触电后的症状

当接触较小电流时，受击者面色苍白、惊慌、心悸、四肢软弱、全身乏力，休息后可以康复。触电较重时，受击者声音嘶哑、休克、四肢厥冷、脉慢而软或充盈而硬、呼吸呈鼾声，继发性抽搐，或长时间痉挛性强直，昏迷死亡。

触电后的并发症

抽搐性肌肉痉挛可引起骨折、脱臼。电击伤引起挤压综合征样改变，导致肾衰。头部击伤可引起白内障、视神经萎缩、脉络膜炎、视网膜炎。电击伤可引起血管破裂、出血、血栓形成、组织坏死。高压电击伤时，可引起内脏破裂。电击时，若受害人从高处坠落，可发生脑震荡，头、胸、腹外伤、四肢骨折等伤害。

◇专业从业人员应在带电作业之前做好充分的防护。

◇在使用电器设备前仔细阅读说明书，掌握正确的操作方法。

◇不能用湿的物品接触带电者、带电物品以及电源开关、插口，不能用手去拿电线或接触没有脱离电源的人。

◇如在户外发现落地或浸入水中的电线，无论带电与否，都应远离，并立即通知供电部门。

触电正确施救

某轧钢厂车间轧钢工张某在施焊时，触电倒在地上。同事发现后，立即跑到供电室拉闸断电，并拨打120。另一位同事立即对张某进行胸外心脏挤压，几分钟后张缓过气来。看看张某没啥问题，同事们使用木板把张抬到车间门口，放在地面上。此时张某口又张得很大，出不来气了。

电工班长得知有人触电，马上跑过来，看到大家准备送张某去医院，立即制止说："不能送！"班长用仰卧压胸法做人工呼吸，但不见效果，如果施行口对口呼吸法，张的嘴又张开得很大，无法进行。情急之中，卢把自己的嘴伸进张的嘴内，捏住张的鼻子一口一口吹气，吹到第七口气时，张终于喘过气来。这时救护车也到了，张某保住了性命。

冻伤

冻伤是人体遭受低温侵袭后发生的损伤。冻伤的发生除了与寒冷有关，还与潮湿、局部血液循环不良和抗寒能力下降有关。

一般将冻伤分为冻疮和局部冻伤两种：冻疮在一般的低温如3℃~5℃，以及潮湿的环境中即可发生；局部冻伤多在0℃以下缺乏防寒措施的情况下，耳部、鼻部、面部或肢体受到冷冻作用发生的损伤。

冻伤急救要点

只有手脚冻伤时，用毛巾、毛毯让其全身保温，不可搓揉冻伤部位，以免加重伤害。可在患者稳定后，将手脚泡在温水中（37℃~40℃），也可给予温热的饮料。

如果冻伤发生在野外无条件进行热水浸浴，可将冻伤部位放在自己或救助者的怀中取暖，同样可起到热水浴的作用，使受冻部位迅速恢复血液循环。在对冻伤进行紧急处理时，绝不可将冻伤部位用雪涂擦、用热水浸泡或用火烤，要小心避免烫伤失去知觉的组织。因为温度较低的冻伤部位，神经末梢敏感度降低，此时加温的话，易引起血管痉挛而造成局部坏死。

发生冻僵的患者已无力自救，救助者应立即将其转运至温暖的房间内，搬运时动作要轻柔，避免僵直身体的损伤。然后迅速脱去患者潮湿的衣服和鞋袜，将患者放在38℃~42℃的温水中浸浴；如果衣物已冻结在患者的肢体上，不可强行脱下，以免损伤皮肤，可连同衣物一起放入温水，待解冻后取下。

全身冻伤，体温降到20℃以下就很危险。此时一定不要睡觉，强打精神并振作活动是很重要的。

患者呼吸停止时，要立刻将气道开放，并进行人工呼吸。若脉搏停止跳动，则要进行心肺复苏术。

冻伤部位恢复后，要消毒患部并包扎起来，送医院治疗。

冻伤的预防

注意防寒保暖：

保护好易冻部位，如手足、耳朵等处，要注意戴好手套、穿厚袜、棉鞋等。

出门要戴耳罩，注意耳朵保暖。

在野外或冻库等低温环境中工作时，对暴露皮肤可涂搽少许油脂，以减少散热。

防止潮湿：

潮湿可加速机体热量的散失，因此要经常保持服装鞋袜的干燥，受湿后及时更换。

加强活动：

在寒冷的环境中，不要长期静止不动，要加强活动，以促进血液循环。

对易被冻伤的部位，如手、足、耳廓等，要经常摩擦和搓揉。

经常进行抗寒锻炼，用冷水洗脸、洗手，以增强防寒能力。

躲避大风寒流：

野外作业应尽量避开高风速、寒流、雪崩等，因为这些会迅速带走机体热能。

如遇突发寒流、雪崩等，应迅速寻找临时避风处躲藏，并设法呼救，等待时机脱离险境。

皮肤护理：

在洗手、洗脸时不要用含碱性太大的肥皂，以免刺激皮肤。洗后，可适当擦一些润肤脂、雪花膏、甘油等油质护肤品，以保护皮肤的润滑。

用茄子秸或辣椒秸煮水，洗容易冻伤的部位，或用生姜涂搽局部皮肤，有预防冻伤的作用。

温馨提醒

◇受冻后，冻伤病人会想到用热水温暖，或用火烘烤，以为这样会舒服点，或能让冻伤处好得快点。其实这种做法是错误的。"欲速则不达"，这样做非但不会好得快，而且甚至可能令冻处溃烂。

◇在温暖的环境中可给病人少量热酒，促进血液循环及扩张周围血管。但寒冷环境中不宜饮酒，以免增加身体的热量丢失。

呼吸道异物阻塞

食物及异物进入呼吸道会引起的呼吸道阻塞或障碍，有性命之危。病人会出现剧烈的咳嗽或有鸡鸣、犬吠样的喘鸣音，并可能伴有口唇和面色发紫或苍白。被较大异物阻塞时，病人会出现面色发紫、发白，突然不能说话、不能咳嗽，有的甚至很快出现昏迷，心跳停止。如果呼吸道阻塞不能迅速解除，将发生完全性的呼吸、心跳停止。

呼吸道异物阻塞的应急处理

1. 当病人昏迷倒地时，救护者应面向病人，两腿分开跪在病人身体两侧，双手叠放，下面手掌根放在病人的上腹部肚脐稍上处，两手用力快速地向内向上挤压。

2. 对呼吸困难或呼吸停止者，在排出异物后应做人工呼吸。有数据显示，在病人出现心跳呼吸停止的 1 分钟时间内采取心肺复苏术，病人的抢救成功率高达 70% 以上，而超过 5 分钟后，抢救成功率则微乎其微。

上推

3. 施救者站在病人身后，用双手抱住病人的腰部，一手握拳，用拇指的一侧抵住病人的上腹部肚脐稍上处，另一只手压住握拳的手，两手用力快速地向内向上挤压。

4. 婴幼儿发生呼吸道异物阻塞时，须将孩子面朝下放在施救者的前臂上，再将前臂支撑在大腿上方，用另一只手拍击孩子两肩胛骨之间的背部，促使他吐出异物。如果无效，可将孩子翻转过来，面朝上，放在大腿上，托住背部，头低于身体，用食指和中指猛压他的下胸部（两乳头连线中点下方一横指处）。反复交替进行拍背和胸部压挤，直至异物排出。

幼儿被果冻、口香糖卡住咽喉很危险

卡住咽喉的异物种类不同，其后果也可能不同。像果冻和口香糖，比较容易吸附或粘在咽喉壁上，上不去，下不来，把声门口堵得死死的，这种情况发生窒息的几率最大，孩子很可能在几分钟内丧命，根本来不及送医院抢救。但是如花生、瓜子、骨头、鱼刺一类的食物，即使卡住总是留有一点缝隙，就给抢救争取了时间。不过，卡住的要是骨头、鱼刺，也必须及时处理，否则咽喉壁被刮伤，还会出现脓肿、出血等并发症。

温馨提醒

◇5岁前，孩子不宜喂食瓜子、豆子、果冻、口香糖、骨头等危险食物。也不可将纽扣、钱币等小物品给婴幼儿玩耍，以免误入气管。

◇养成良好的生活习惯，吃东西的时候尽量不要说话，避免大笑、大哭、打闹、行走、跑步。

◇酒精可以使咽部感觉麻痹，所以喝酒后吃东西更应注意。

眼睛灼伤

眼睛灼伤很多时候都是由于化学物质引起的，在日常生活中由于操作不当，会使化学物质进入眼睛，例如农民在使用化肥或农药时，可能把这些物质带入眼内。工厂工人在劳动中未使用防护用品，酸碱物质可溅入眼内。化学性眼灼伤大多是因为工业生产使用的原料、化学成品或剩余的废料直接接触眼部而引起的化学性结膜角膜炎、眼灼伤。这些危害都可能造成眼部的终身残疾。

石灰入眼事件

广州某医院接诊了一名左眼通红的小男孩。这个小男孩在与哥哥打闹时用石灰粉互掷，左眼不幸被投入大量石灰。幸亏在送医院前邻居制止了家长准备用水清洗的做法，而是改用花生油清洗、处理，小男孩的眼睛才得以保住。

眼睛灼伤的应急办法

1.一旦发生眼部化学性灼伤，应立即冲洗眼睛，冲洗愈早愈彻底愈好，一般需冲洗5分钟。把上下眼皮翻开，尽快用大量的清水彻底冲洗眼睛。可以把整个脸泡在水里，摇头，连续做睁眼和闭眼的动作。

2.如果是石灰吹入眼中，千万不要直接用水冲洗，一定要取出后再用水冲洗。因为石灰遇水会产生大量热量，烧坏眼部组织，可先轻轻擦拭眼外残留的石灰，并用油类（如花生油、芝麻油）代替清水冲洗眼睛，冲洗时不要让水溅到没有受伤的眼睛里。

3.冲洗后，用干净的纱布等覆盖保护受伤的眼睛，迅速前往医院眼科就医。

眼睛灼伤后用清水冲洗。

把整个脸泡在水里连续睁眼和闭眼。

温馨提醒

◇加强安全防护教育、严格执行操作规程。化学性眼睛灼伤中，很多情况是工作中粗心大意，违反安全操作规程所致。

◇进行与化学物质相关的工作时一定要戴防护眼镜或防护面罩，以防止化学物质溅入眼内或烧伤面部。

◇教育孩子不要玩化学物品，家中的化学物品要妥善保管。

◇施化肥或喷洒农药时要戴防护眼镜，工作时不要揉眼。最好在现场准备水源或盛有清水的面盆，以备不时之需。

◇对防护设备要进行改进并定期维修，防止化学物质泄漏。

异物入眼、耳、鼻

眼、耳、鼻是最容易受外物侵入的三大器官，我们常常会因眼睛跑进砂子、耳朵浸水或鼻子受阻而感到不舒服。

异物入眼应急处理

1.发生异物入眼后，切勿用手揉擦眼睛，以免异物擦伤角膜。正确的处理方法是，先冷静地闭上眼睛休息片刻（如果是小孩应先将其双手控制住，以免揉擦眼睛），等到眼泪大量分泌，不断夺眶而出时再慢慢睁开眼睛眨几下，多数情况下，大量的泪水会将眼内异物自动地"冲洗"出来。

2.如果泪水不能将异物冲出，可准备一盆清洁干净的水，轻轻闭上双眼，将面部浸入脸盆中，双眼在水中眨几下，这样会把眼内异物冲出。也可请人将患眼撑开，用注射器吸满冷开水或生理盐水冲洗眼睛，或用杯子盛水冲洗眼睛。

3.如果各种冲洗法都不能把异物冲出，可请人或自己翻开眼皮，用棉签或干净的手帕蘸凉开水或生理盐水轻轻将异物擦掉。

4.如果上述方法都无效，可能是异物陷入眼组织内，应立即到医院请眼科医师取出。千万不要用针挑或用其他不洁物擦拭、挑剔，以免损伤眼球，导致眼睛化脓感染。

5.异物取出后，可适当滴入一些眼药水或眼药膏，以防感染。

如果是小虫入耳，可以用手电筒照射外耳道，小虫就会飞出来了。

异物入耳应急处理

1. 如果是小虫入耳，千万不要弄死小虫，要想办法让它自己出来。可以用电灯接近耳边照射外耳道，或者吹入香烟的烟雾，将小虫引出来。

2. 如果这该死的小虫一直不出来，那只能顺耳中滴入 1 滴橄榄油或香油，将小虫杀死，然后将耳倾斜一边，让杀死的小虫跌出来。

3. 如果是玩具、豆类、沙子、纸片等物体塞进耳中时，用单脚顿跳几次，也可能让塞入的物件跳出来。

4. 水入耳朵时，应顺着头部单脚跳几下，或者用棉签轻轻探入耳中，将水分吸干。也可将头偏向没进水的一侧，然后用干净水灌进已进水的耳朵，再迅速向进水耳朵一侧摆头，感觉到一阵热，就说明水已经倒出了。用手紧紧捂住进水耳朵，使劲突然放开，反复多次把水控出来。

5. 如果采用上述的各种方法，还是未能取出耳中的异物时，应及早去医院找医生代为取出，不要让异物留在耳中而不加理会。特别是幼儿，更应趁早进行处理，以免伤害耳部。

异物入鼻应急处理

1. 如果异物塞进一侧鼻孔，可用纸捻、小草、头发等刺激另一侧鼻孔，使患者打喷嚏，鼻子里的异物会因此被喷出来。

2. 患者也可仰卧，用光照亮鼻孔，如看到异物近鼻孔出口处且较软，可用镊子夹出。如异物反而向鼻腔后方移动，就不要再夹动了，速去就医。如果出现呼吸困难，需迅速送急诊室处理。

温馨提醒
◇一般婴幼儿容易发生异物入眼、耳、鼻的事故，所以家长应该看护好自己的宝贝，小颗粒的东西应该放置在儿童拿不到的地方，以防发生危险。

◇切不可乱涂药物。事故发生后，切不可乱涂药物，任意的涂抹药物不仅会影响医师的诊断，更可能因用药不当而产生副作用。

鼻出血

鼻出血是一种常见现象，尤其是在气候干燥的季节和地方更容易发生。鼻出血多发生于鼻孔的一侧，出血量少时，仅鼻涕中带有血丝。量多时，由一侧鼻孔涌出或两侧鼻孔同时流出，甚至还从口中吐出。出血量大时，可出现头晕、口渴、乏力、面色苍白、出冷汗、脉搏快而弱等现象。如果情况严重还会导致血压降低，甚至休克。

鼻出血的应急处理

1. 鼻出血可以迅速掐捏足后跟踝关节与跟骨之间的凹陷处：左鼻孔出血掐捏右足跟，右鼻孔出血掐捏左足跟，持续掐捏 3~5 分钟，出血可停止。

2. 遇到鼻出血，要取坐位或半卧位，尽量保持镇静，千万不要紧张，因为精神紧张，常会使血压增高导致出血加剧，如果是因高血压引起的鼻出血则更要注意。

3. 流鼻血时头要向前倾，不能后仰，否则血液顺着咽喉壁流向喉部，易导致呛咳而加重出血，也可导致血液流入胃内，从而阻塞气管，出现呼吸困难，引起窒息。

4. 局部处理时要张口呼吸，用拇指或食指紧捏两侧鼻翼数分钟，一般压 5~10 分钟左右多能自行凝固止血。也可用冰块、湿冷毛巾、冰袋等敷额部、鼻部、颈部或枕部，并反复更换，以便促使血管收缩，减少流血。

5. 如出血不止，可将干净的纱布、明胶、软皮等塞入鼻腔压迫止血，还可将云南白药吹入出血鼻孔以止血。需要注意的是，应确保能将塞进去的布取出，因此不要填塞过深，外面要留有布端便于取出。

温馨提醒

◇如经处理后，流血仍不止，应快速去医院。经常出血的人，也应及时到医院进行必要的检查。

◇如果鼻子变形或鼻梁不直或眼睛周围肿胀、疼痛、淤血的话，那么你的鼻子可能有骨折。应坐下，用凉的布塞住鼻腔，并让他人送你去医院。

◇如是高血压引起的鼻出血，可危及生命，须慎重处理。在局部处理的同时，当务之急是降血压。

◇不要用纸卷塞到鼻子里，这不但起不到止血作用，不干净的纸卷反而会引起炎症。

严重的胸、腹外伤

当发生利器（刀、剪子等）刺入胸、腹部，或肠管流出体外的事故时，一定要正确处理，防止因出血过多或脏器严重感染而危及病人的生命。

胸、腹外伤的急救要点

1. 及时拨打 120 急救电话。

2. 已经刺入胸、腹部的利器，不要自己拔出，以免造成大出血危及生命。应设法固定利器，立即送往医院。

3. 如果肠管流出体外，不要把肠管塞回肚子，也不要擦除肠管上的黏性物质，因为自行将流出体外的肠管送回腹腔，极易造成严重感染。应在流出的肠管上覆盖消毒纱布，再用干净的碗或盆扣在伤口上，用绷带固定，迅速送医院抢救。

4. 转送时要让病人采取平卧、膝和髋关节处于半屈曲状，减少病人的痛苦。

千万不要拔，要固定住匕首。

烫伤与烧伤

　　烧伤和烫伤由火焰、沸水、热油、电流、辐射线、化学物质（强酸、强碱）等物质引起。最常见的是火焰烧伤，热水、热油烫伤。

　　烧伤和烫伤首先损伤皮肤，轻者皮肤肿胀，起水泡，疼痛；重者皮肤烧焦，甚至血管、神经、肌腱等同时受损。烧伤引起的剧烈疼痛可能导致休克，晚期还可能出现感染、败血症，危及生命。

　　烫伤和烧伤事故在日常生活中经常出现，如果能及时正确地处理，可有效减缓烫烧伤的程度。

烧烫伤的救护

　　烧伤了要尽快脱离火源，用水浇灭或用棉被覆盖着火部位。烫伤者则要立即远离烫伤源。烧烫伤的程度不同，所要采取的救护措施也不同。"冲、脱、泡、盖、送"是常用的烧烫伤急救五字诀。一旦出现烧烫伤，应及时处理，现场处理不及时或不合理，容易使创面加深。

一度烧烫伤的救护：

　　对一度烧烫伤，应立即将伤处浸在凉水中进行"冷却治疗"，有降温、减轻余热损伤、减轻肿胀、止痛、防止起泡等作用，如有冰块，把冰块敷于伤处效果更佳。"冷却"30分钟左右就能完全止痛。随后用鸡蛋清或万花油或烫伤膏涂于烫伤部位，这样只需3~5天便可自愈。

　　如果穿着衣服或鞋袜部位被烫伤，千万不要急忙脱去被烫部位的鞋袜或衣裤，否则会使表皮随同鞋袜、衣裤一起脱落，这样不但痛苦，而且容易感染。最好的方法就是马上用食醋（食醋有收敛、散疼、消肿、杀菌、止痛作用）或冷水隔着衣裤或鞋袜浇到伤处及周围，然后才脱去鞋袜或衣裤，这样可以防止揭掉表皮，发生水肿和感染，同时又能止痛。接着，再将伤处进行"冷却治疗"，最后涂抹鸡蛋清、万花油或烫伤膏便可。

二度、三度烧烫伤的救护：

　　烧烫伤者经"冷却治疗"一定时间后，仍疼痛难受，且伤处长起了水泡，这说明是"二度烧烫伤"。这时不要弄破水泡，要迅速到医院治疗。

　　对三度烧烫伤者，应立即用清洁的被单或衣服简单包扎，避免污染和再次损伤，创伤面不要涂擦药物，保持清洁，迅速送医院治疗。

特殊物质烧伤自救注意事项

口服腐蚀性酸性物质： 可引起上消化道烧伤、喉部水肿及呼吸困难，此时建议口服鸡蛋清或牛奶等中和，禁止用小苏打中和，也不宜自行插胃管洗胃，以免引起胃穿孔。

生石灰烧伤： 因生石灰遇水反应可放出大量的热，加重损害，故应先将残留在创面上的生石灰弄干净，再用水冲洗。

磷烧伤： 磷可在空气中自燃，故自救时应首先脱去污染的衣服，用大量清水冲洗创面及其周围皮肤。如现场缺水，应用浸透的湿布（甚至可以用尿）包扎或掩覆创面，以隔绝空气。禁用油质药物或纱布，避免磷溶解在油质中被吸收。

温馨提醒

◇**烧烫伤后不能立刻冰敷：** 高温会伤害皮肤，低温也会造成伤害。烧烫伤后，受损的皮肤已经失去表皮的保护，不可以直接冰敷，以免冻伤。要立刻以缓和、流动的冷水冲 30 分钟，或冲到不痛为止。

◇**烧烫伤后不宜立刻涂抹药膏：** 涂抹药膏会让热能包覆在皮肤上继续伤害皮肤。立刻冲水降温才是正确的处理方式。

◇**不是所有水疱都不能弄破的：** 水疱如果直径小于两厘米，可无需弄破；若水疱直径大于两厘米，或其位置在关节等活动频繁处及易摩擦处，为避免不小心弄破水疱，造成更大的伤口，可用无菌针头、棉花棒将其刺破后，吸干组织液，再用碘酒消毒，盖上纱布。要注意不要移除水疱上的表皮，以作为保护层。

◇**烟、酒及刺激性食物会影响伤口的愈合：** 伤口越慢愈合，日后留下疤痕的机会也越大。所以在伤口完全愈合之前，烟、酒及刺激性食物还是少碰为妙。

◇**疤痕的颜色深浅，** 与紫外线照射后造成的色素沉着有关，所以要注意防晒。

案例

烫伤后要先脱离热源

小张是一家餐馆服务员，在工作中不慎被一碗热汤烫伤手臂，当时就立即将双手泡入一桶冷水中，并慢慢脱去衣服，半个小时后被同事送去医院。小张虽然烫伤面积大，但只是表皮红肿，没有起水泡，简单处理后就回家了，5天后烫伤部位愈合，没有遗留疤痕。这一切取决于她伤后正确的现场处理措施。

蛇类咬伤

　　夏季是蛇类活动频繁的季节，出外郊游时，应注意草地、田间、河边等阴暗潮湿处，这些地方易有蛇出没。被蛇咬伤的人多在野外、山区或田园，往往一时难以就医。

　　被毒蛇咬伤后，病程进展迅速，要分秒必争地在短时间内确诊，被咬伤者应保持安定，避免惊慌奔走，以免加速蛇毒的吸收和扩散。在明确毒蛇种类后，采取相应的救治措施，抢救威协生命危象，维持生命功能的稳定，迅速使用抗蛇毒血清等有效药物中和体内蛇毒，防治可能发生的并发症。

毒蛇与无毒蛇的咬伤判断

　　如发现被蛇咬伤，应先做初步判断。咬人的蛇是否有毒，可从牙印判断。无毒蛇咬的伤口，有四行或两行锯齿状浅表而细小的牙痕，局部仅出现轻微的疼痛或有少许出血，但很快会自然消失，无全身中毒症状。而被毒蛇咬的伤口，一般会出现上下各一对粗且深的牙痕，且伤口表面会溃烂，红肿起泡，并伴有局部及全身中毒表现。

被蛇咬伤的应急处理

　　1.呼叫"120"：拨打"120"急救电话。

　　2.移离现场：受伤或被激怒的毒蛇可能反复咬人。若有机会可将蛇杀死，如有条件，应将蛇与伤员一起带入医院。

　　3.限制活动：保持冷静，限制被咬伤肢体的活动。让受伤部位保持在低于心脏的水平，可延缓蛇毒的扩散速度。

被蛇咬伤后，第一时间呼叫"120"，并迅速用绷带或布条紧扎在伤口近心端的上方，防止血液回流到心脏。

4. 结扎：用两指宽的绷带或布条紧扎在伤口近心端的上方，这样可防止血液回流心脏的方向。松紧以绷带与皮肤间以能够放置一个手指为宜，以免扎得过紧引起组织缺血坏死。

5. 冲洗

结扎后可用自来水、矿泉水、井水、肥皂水等对伤口进行冲洗。有条件者可用 1：5000 高锰酸钾溶液清洗，如有毒牙残留应尽快去除。

6. 切开、挤压、吸出毒液

冲洗后，可用利器（如小刀等）沿毒蛇的牙痕作"一"字形纵切口或"十"字形切开，切口长约 1~1.5 厘米，其深度以达到皮肤下为止，要避开切中血管。边冲洗边从伤肢的近心端向伤口方向及周围反复轻柔挤压，促使毒液从伤口排出体外。

7. 平稳送院

在伤员中毒症状明显时，应在上述措施进行的同时，立即用车或担架将伤员平稳地送入医院。

◇禁食禁饮，尤其禁饮酒、浓茶、咖啡等兴奋性饮料。

◇不要对咬伤局部进行冰敷，因为这样不能延缓蛇毒扩散，却有可能加重组织损伤或坏死。

◇尽量避免用口帮助伤员吸出毒液，因为救人者口腔内若有溃烂伤口，蛇毒就会进入救人者体内。

大学女生被蛇咬伤自服解药险丢性命

女大学生杜某在校园散步，一不留神踩到了同在"散步"的一条小青蛇，小青蛇迅即朝她右足跟处咬了一口后，便夺路而逃。为了不耽误学习，杜某只到附近诊所买了点解蛇毒口服药服用。第二日凌晨 1 时许，杜某心肺难受，呼吸也不太顺畅，立即叫醒同学到附近的医院就医。医生随即为她进行排毒治疗，经过五天的有效治疗，杜某才康复出院。

医生提醒说，在无法判断是否毒蛇的情况下，伤者应立即到医院医治，切不可嫌麻烦而草率忽视，等到毒发攻心很可能会危及生命。

第三章　自然灾害

自然灾害，

是一场没有硝烟的战斗，

是一场和死神较量速度和勇气的战斗，

面对这些突如其来的灾难，

人员伤亡、财产损失、社会失稳、资源破坏等，

我们该如何应对呢？

人们难以预想到自然灾害会何时、何地发生，

平时要了解一些自然灾害方面的知识，

研究如何应对灾难所引起的伤害者及自救，

并经常进行必要的准备工作，

防患于未然，

就会拥有强大无比的信心和勇气。

地质灾害

地质灾害是指自然因素或者人为活动引发的危害人民群众生命和财产安全的山体崩塌、滑坡、泥石流、地面塌陷、地裂缝、地面沉降等与地质作用有关的灾害。

重庆市武隆县铁矿乡鸡尾山山体崩塌，造成10人死亡、64人失踪、8人受伤的特大灾害。

贵州省关岭县岗乌镇滑坡，导致大寨村遭受灭顶之灾，42人死亡、57人失踪。

崩塌、滑坡

崩塌是指陡倾斜坡上的岩土在重力作用下突然脱离母体崩落、滚动、堆积在坡脚（或沟谷）的地质现象。崩塌易发生在较为陡峭的斜坡地段，通常导致道路中断、堵塞，或坡脚处建筑物毁坏倒塌，如发生洪水还可能直接转化成泥石流。更严重的是，因崩塌堵河断流而形成天然坝，引起上游回水，使江河溢流，造成水灾。

崩塌、滑坡的区别

1. 滑坡沿滑动面滑动，滑体的整体较好，有一定外部形态。而崩塌则无滑动面，堆积物结构零乱，多呈锥形。

2. 崩塌以垂直运动为主，滑坡多以水平运动为主。

3. 崩塌的破坏作用都是急剧的、短促的和强烈的。滑坡的破坏作用多数也很急剧、短促、猛烈，但有的则相对较缓慢。

4.崩塌一般都发生在地形坡度大于 50°，高度大于 30 米以上的高陡边坡上，滑坡多出现在坡度 50° 以下的斜坡上。

崩塌、滑坡的共同点和联系

1.崩塌、滑坡均为斜坡上的岩土体遭受破坏而失稳向坡脚方向的运动。

2.常在相同的或近似的地质环境条件下伴生。

3.崩塌、滑坡可以相互包含或转化，如大滑坡体前缘的崩塌和崩塌堆载而形成的滑坡。

诱发崩塌、滑坡的因素

1.降雨：大雨、暴雨和长时间的连续降雨、融雪，使地表水渗入坡体，软化岩、土及其中软弱面，易诱发滑坡、崩塌。

2.地震：地震会引起坡体晃动，破坏坡体平衡，易诱发滑坡、崩塌。

3.地表水的冲刷、浸泡：河流等地表水不断冲刷坡脚或者浸泡坡脚、削弱坡体支撑或软化岩、土，降低坡体强度，也可能易诱发滑坡、崩塌。

4.不合理的人为活动：如开挖边坡、地下采空、水库蓄水、泄水等改变坡体原始平衡状态的人类活动，都可能诱发滑坡、崩塌。常见的可能诱发滑坡、崩塌的人类活动有采掘矿产资源、道路工程开挖边坡、水库蓄水与渠道渗露、堆渣填土、强烈的机械振动等。

滑坡到来前的特殊迹象

1.当斜坡局部沉陷，而且该沉陷与地下存在的洞室以及地面较厚的人工填土无关时，将有可能发生滑坡。

2.山坡上建筑物变形，而且变形构筑物在空间展布上具有一定的规律，将有可能发生滑坡。

3.泉水、井水的水质浑浊，原本干燥的地方突然渗水或出现泉水，蓄水池大量漏水时，将有可能发生滑坡。

4.地下发生异常响声，同时家禽、家畜有异常反应，将有可能发生滑坡。

路遇崩塌、滑坡的应急处理

1.行人与车辆不要进入或通过有警示标志的滑坡、崩塌危险区。

2.当发现有滑坡、崩塌的前兆时，应立即报告当地政府或有关部门，同时通知其他

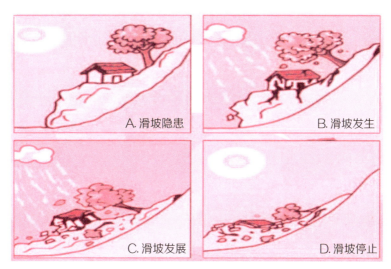

A. 滑坡隐患   B. 滑坡发生   C. 滑坡发展   D. 滑坡停止

滑坡发生过程示意图

受威胁的人群。要提高警惕，密切注意观察，做好撤离准备。

3. 当你正处于滑坡体上，感到地面有变动时，要立即离开，用最快的速度向两侧稳定地区逃离。向滑坡体上方或下方跑都是危险的。

4. 当你处于滑坡体中部无法逃离时，要找一块坡度较缓的开阔地停留，但一定不要和房屋、围墙、电线杆等靠得太近。

5. 当你处于滑坡体前沿或崩塌体下方时，只能迅速向两边逃生，别无选择。当遇到高速滑坡无法逃离时，不要慌乱，如果滑坡呈整体滑动，可原地不动或抱住大树等物。

6. 当遇到崩塌时，不要进入危险区，可躲避在结实的障碍物下，或者蹲在地坎、地沟里，还要注意保护好头部，不要顺着滚石方向往山下跑。

被掩埋的救护

1. 迅速挖掘，争分夺秒地救出土方掩埋者。根据伤员所在位置和方向，确定掩埋部位，快速掏挖受伤者头部的土方、石块，尽早使头部先露出，立即清除其口腔、鼻腔里的泥土、沙石，以保证气道畅通，同时进行口对口人工呼吸。再依次掏出胸、腹、四肢部位。值得注意的是，为避免加重损伤，在掏刨伤员时，最好用手或软的工具，有条件时可使用探测仪确定位置后再掏挖，以免伤到被掩埋者。发现伤员后也不要拖拉肢体，以免造成骨折、脱位。

2. 现场紧急处理各种外伤，如包扎止血、骨折固定。但上止血带时间不可太长，否则会引起挤压综合征。

3.埋压时间不论长短，都要口服碱性饮料。配制方法是取8克碳酸氢钠（小苏打）溶于1000~2000毫升温开水中，再加适当的糖和食盐，不仅有利尿作用，还可碱化尿液，避免肌红蛋白在肾小管中沉积，损害肾脏。现场没有碱性饮料时，可以口服淡盐水。如果不能口服，有条件时可经静脉点滴5%碳酸氢钠150毫升，能收到同样效果。

4.在伤员转送途中为防止和减少肢体活动，不论有无骨折，都要用夹板固定，并让肢体暴露在凉爽空气中。切忌局部按摩、热敷，以免加重病情。

5.肢体被埋压后不是立刻就会发生挤压综合征的，所以也常常被忽视，错误地认为伤势不重。一旦受压肢体开始肿胀、皮肤发硬或出现小水疱、尿量减少、心慌、恶心，甚至昏迷，说明伤情已经很严重。因此，对埋压、挤压肢体，尤其是大腿、小腿的伤员，应当严密观察，提高警惕。

温馨提醒

◇夏汛时节到山区峡谷游玩时，一定要事先收听当地天气预报，不要在大雨后、连续阴雨天后进入山区沟谷。

◇不能在凹形陡坡、危岩突出的地方避雨、休息和穿行，不要攀登危岩。

◇山体坡度大于45°，或山坡成孤立山嘴、凹形陡坡等形状，以及坡体上有明显裂缝，均容易形成崩塌。

山西中阳县张子山乡发生崩塌滑坡事故

2009年11月16日，山西省中阳县张子山乡张家咀茅火梁发生大面积山体滑坡，这次山体滑坡连续发生了四次，造成约两万立方米的土石方塌方。坡底沈家峁沟刘家峁滩居住的六间房屋五户人家被埋。经专家勘察初步认定，这起灾害是由黄土崩塌而导致。

泥石流

　　泥石流是指在山区沟谷中，由暴雨、冰雪融水或库塘溃坝等水源激发，形成的一种夹带大量泥沙、石块等固体物质的特殊洪流。通常其来势凶猛，经常与山体滑坡、崩塌相伴相随，对农田、道路、桥梁和民房等建筑物破坏性极大。在发生泥石流灾难时，我们要学会自救，避免不必要的人身伤害！

泥石流发生前的迹象

　　1. 河流突然断流或水势突然加大，并夹有较多柴草、树枝。

　　2. 深谷或沟内传来类似火车轰鸣或闷雷般的声音。

　　3. 沟谷深处突然变得昏暗，并有轻微震动感等。

泥石流防范与应急措施

　　1. 山区居住或者在山区游玩，尽量结伴而行，避免单独行走山路，年幼的孩子最好有大人接送或者陪同。尽量避开从山脚、河边和陡坡、山崖下路过，以防泥石流等危险。

　　2. 遇险要地段无法绕行时，要先仔细观察，认为安全后再迅速行走。行走时，若听到山上有异常轰响声，要立即停步观察判断，并迅速离开险地，或者迅速跑到空旷处躲避。

　　3. 雨季不要搬动路边或山坡上的松散风化石，不要到采矿区和采空区逗留游玩。

　　4. 沿山谷徒步时，一旦遭遇大雨，要迅速转移到安全的高地，不要在谷底过多停留，也不要攀爬到树上躲避。

　　5. 切忌在沟道处或沟内平坦处搭建宿营棚。当遇到强降雨或暴雨时，应警惕泥石流发生。

　　6. 发生泥石流时，一定要设法从房屋里跑出来，到开阔地带，尽可能防止被埋压。

　　7. 发现泥石流后，要马上与泥石流成垂直方向向两边的山坡上面爬，爬得越高越好，跑得越快越好，绝对不能往泥石流的下游走。

　　8. 得知泥石流暴发消息的，处于非泥石流区时，则应立即报告该泥石流沟下游可能波及或影响到的村、乡、镇、县或工矿企业单位，以便及早做好预防和准备工作。

泥石流应急要点

　　1. 当遇到泥石流时，要向泥石流前进方向的两侧山坡跑，切不可顺着泥石流沟向上游或向下游跑，更不要停留在凹坡处。同时，要注意避开河道弯曲的凹岸或地方狭小高度又低的凹岸，不要躲在陡峻山体下，防止坡面泥石流或崩塌的发生。

2. 逃生时，要抛弃一切影响奔跑速度的物品，不要停留在低洼地方，也不要攀爬到树上躲避。

游玩时如何避免泥石流伤害

1. 泥石流主要发生在夏汛暴雨期间，而该季节又是人们选择去山区、峡谷游玩的时间。因此，人们出行时一定要事先收听当地天气预报，不要在大雨天或在连续阴雨、当天仍有雨的情况下进入山区沟谷出行旅游。

2. 可以根据当地的地理环境和降雨情况来估测泥石流发生的可能性。

3. 一旦发生泥石流要采取正确的逃逸方法。泥石流不同于滑坡、山崩和地震，它是流动的，冲击和搬运能力很大，所以，当处于泥石流区时，不能沿沟向下或向上跑，而应向两侧山坡上跑，离开沟道、河谷地带，但注意不要在土质松软、土体不稳定的斜坡停留，以免斜坡失稳下滑，应在基底稳固又较为平缓的地方。

泥石流发生后如何处理食品不足和饮用水污染

1. 食品不足时，应适量进食来维持生命。如果食物短缺，可一边寻找山果、野菜食物等充饥，一边等待救援。

2. 水源被污染，应立刻停止使用被污染的水，以免发生中毒现象。如遇下雨时，可想办法收集雨水饮用。

温馨提醒 泥石流发生前的迹象：河流突然断流或水势突然加大，并夹有很多柴草、树枝；深谷或沟内传来类似火车轰鸣或闷雷般的声音；沟谷深处突然变得昏暗，并有轻微震动感等。

甘肃舟曲县发生泥石流灾害

2010 年 8 月 7 日 22 点左右，甘肃甘南藏族自治州舟曲县突降强降雨，县城北面的罗家峪、三眼峪泥石流下泄，由北向南冲向县城，造成沿河房屋被冲毁，泥石流阻断白龙江，形成堰塞湖。此次灾害共造成 1501 人遇难，264 人失踪，26470 人受灾。泥石流还导致了电力、交通、通讯中断，城区 4 万多居民用水完全中断，米、面、油等严重紧缺。

实例：2006年8月台风"派比安"引发的南海区
西樵山泥石流地质灾害。

工友们讲述舟曲泥石流死里逃生经历

何先生到舟曲县一建筑工地打工，和他一样的还有40多名工友。

晚11点45分左右，从三眼峪冲出的山洪夹杂着石块，瞬间冲毁了甘肃省舟曲县的大量房屋。

何先生和工友们租住的房屋正好位于泥石流的冲击带上，"当时我们都睡下了，但由于天气太热，大家都没有睡着"。

天上打着闷雷，闪电狂闪，零星小雨伴随大风。大家突然听见一阵奇怪的声音从山上传来，同时感到房屋有轻微震动。"我从来没有听过这么奇怪的声音。"张先生说，"估计是泥石流从山谷冲下来时产生的强烈气流，再加上山洪和滚石的声音"。

这时，住在一楼的包工头老板张先生让大家不要慌，说这栋4层楼属于砖混结构，比较结实。

"楼下厕所的墙壁被泥石流冲开了一道大口子"。张先生认为，他们能够成功逃生，主要还是因为泥石流的主要冲击方向是街对面的城关一小，"泥石流撞击城关一小的教学楼后反弹回来，才撞到我们的房子，冲击力明显减弱。"

他们跑到屋顶，用手电筒向远处照，"结果把我吓坏了，手电筒能照到的地方已经是一片平地。"这时，泥石流已冲到一楼，泥浆和石块从窗户涌了进来。

我赶紧从4楼下去，叫大家快跑！幸好，冲破窗户的泥浆并没有冲破各个房间的大门，下楼的楼梯没有被堵住。更幸运的是，有泥浆冲进来的房间没有人住。张先生最后一个离开时，涌进房间里的泥浆已近两米高了。

地面塌陷

地面塌陷是指地表岩、土体在自然或人为因素作用下,向下陷落,并在地面形成塌陷坑(洞)的一种地质现象。

地面塌陷的前兆

1. 井、泉的异常变化:如井、泉的突然干枯或浑浊翻沙,水位骤然降落等。

2. 地面形变:地面产生地鼓,小型垮塌,出现环形开裂、沉降。

3. 建筑物作响、倾斜、开裂。

4. 地面积水引起地面冒气泡、水泡、旋流等。

5. 动物惊恐。微微可闻地下土层的垮落声。

地面塌陷时的应急要点

1. 塌陷发生后对邻近建筑物的塌陷坑应及时填堵,以免影响建筑物的稳定。

2. 建筑物附近的地面裂缝应及时填塞,地面的塌陷坑应拦截地表水,防止其注入。

3. 严重开裂的建筑物应暂时封闭,待进行危房鉴定后才确定应采取的措施。

4. 放牧及采集山货时,不要冒然进入塌陷危险区内。

温馨提醒

◇凡居住在因采矿挖空形成的采空区居民,在汛期要注意房前屋后地面有无显著变形、裂缝等迹象。

◇注意下大雨时地表水是否大量、快速渗入地下等现象。

成都河堤突然塌陷

2009年4月5日上午7时许,位于成都市一环路西三段路口一段近30米的河堤突然塌陷,深达1米。由于附近酒店的停车场就设在河堤上,5辆停在河堤上的汽车当场被"吞没",所幸未造成人员伤亡。

地震和海啸

地震

地震是一种自然现象，目前人们尚不能阻止地震的发生。但是，我们可以采取有效措施，最大限度地减轻地震灾害。

地震的前兆

地震前，在自然界发生的与地震有关的异常现象，我们称之为地震前兆。

常见的地震前兆现象有：地震活动异常；地震波速度变化；地壳变形；地下水异常变化；地下水中氡气含量或其他化学成分的变化；地应力变化；地电变化；地磁变化；重力异常；动物异常；地声；地光；地温异常等。

当然，上述这些异常变化都是很复杂的，往往并不一定是由地震引起的。例如地下水位的升降就与降雨、干旱、人为抽水和灌溉有关。再如动物异常往往与天气变化、饲养条件的改变、生存条件的变化以及动物本身的生理状态变化等等有关。因此，我们必须在首先识别出这些变化原因的基础上，再来考虑是否与地震有关。

地震前老鼠的表现最为反常。

1. 地震前动物的主要异常反应

大震前，飞禽走兽、家畜家禽、爬行动物、穴居动物和水生动物往往会有不同程度的异常反应。大震前动物异常表现有情绪烦躁、惊慌不安；或是高飞乱跳、狂奔乱叫；或是萎靡不振、迟迟不进窝等。动物异常观测对地震预报具有一定的意义。

震区群众总结出这样的谚语：震前动物有预兆，抗震防灾要搞好。牛羊驴马不进圈，老鼠搬家往外逃；鸡飞上树猪拱圈，鸭不下水狗狂叫；兔子竖耳蹦又撞，鸽子惊飞不回巢；冬眠长蛇早出洞，鱼儿惊惶水面跳。家家户户要观察，综合异常做预报。

2. 对动物异常情况进行观察的方法

动物异常观察点应选在地震活动重点监视区域，选择周围环境安静，干扰和污染比较少的地点。观察点可设在动物园、气象站，有一定规模的饲养场和养殖场；最好与其他的前兆手段观测点合设或地点相近，便于资料的综合分析。观察动物的选择要注意来源方便与经济；普遍多见又易于观察的动物，如家鼠、泥鳅、鲶鱼、蛇、家鸽、鹦鹉和马、羊、猪、狗、鸡等家禽家畜等。圈养动物可做定点定时观察，并记录动物的行为活动、水温、气压环境变化等。条件不允许时，也可采取早、午、晚各观察一次或随时观察，并做详细记录。对于野生动物可做定线观察，早、午、晚定时各一次，记录所见到的各种动物的种类、数量和天气状况。观察结果要做到定时上报汇总，及时作出时空分布图，进行综合分析。

3. 震前地下水的异常现象

大震前，地下含水层在构造变动中受到强烈挤压，从而破坏了地表附近的含水层的

地震发生前有些动物会有异常表现。

地下水有时也会出现异常。

状态，使地下水重新分布，造成有的区域水位上升，有些区域水位下降。水中化学物质成分的改变，使有些地下水出现水味变异颜色改变，出现水面浮"油花"，打旋冒气泡等。地下水位和水化学成分的震前异常，在活动断层及其附近地区比较明显，极震区更常集中出现。灾区群众说：井水是个宝，前兆来得早。无雨泉水浑，天干井水冒；水位升降大，翻花冒气泡；有的变颜色，有的变味道。天变雨要到，水变地要闹。

4. 震前的地声

不少大震震前数小时至数分钟，少数在震前几天，会产生地声从地下传出。有的如飞机的"嗡嗡"声；有的似狂风呼啸；有的像汽车驶过；有的宛如远处闷雷；有的恰似开山放炮……地声的分布很广，高烈度区更为突出。按灾区群众经验说根据地声的特点，能够判断出地震的大小和震中的方向，"大震声发沉，小震声发尖；响的声音长，地震在远方；响的声音短，地震在近旁。"

地震前的准备

要避免、减少地震的灾害损失，最有效的办法是以自己的力量做好预防灾害的准备。

1. 一般家庭常备的东西有粮食和饮水，以每人平均保存 5 天的分量为佳。另外再准备一些防灾用品，如防灾头巾、手电筒、急救药品、蜡烛、半导体收音机等以及一些逃生用具，如毛毯、便携式炊具、固体燃料等。

2. 由于住宅不宽裕，人们总是最大限度地利用空间（如棚、架、搁板）。不过，由于地震的震动，搁板上放置的重物是很容易掉下来的。因此，平时放置东西要多加考虑。

3. 人们对黑暗很难适应，这不仅仅是看不见，还在心理上增加了压力。因地震而停电是不奇怪的，黑暗中就是在自己的房间也很难分辨东西南北，所以手电筒随时带在身边，就不会有太多的恐惧了。

4. 地震发生后，电视中断，电话不通，报纸停刊，信息来源完全被断绝。此时，只有小型的收音机可以获得源源不断的重要情报，从而可以更好地应付不断变化的情况。

5. 当大地震平息后，首先感到困惑的是饮用水的问题。这种场合，水管断水是经常的事，城市中井水很少，所以在不知道什么时候发生地震的情况下，有必要每晚睡前准备一些应急的饮用水。

6. 考虑到地震后的混乱情况，准备好三个月的现金花销是必要的。因为地震之后，银行、邮局等处往往取不出款。

7. 人们总喜欢把急救用具藏在某一角落，或不起眼的地方，可是，这些东西在地震中又是必不可少的，因此，平时要把它们放在某一固定并且容易拿到的地方。

地震如何逃生

地震具有突发性，使人措手不及，那么，地震发生时，如何逃生呢？

1. 地震开始时，如果正在屋内，切勿试图冲出房屋，这样砸死的可能性极大。权宜之计是躲在坚固的床或桌下，倘若没有坚实的家具，应站在门口，门框多少有点保护作用。应远离窗户，因为窗玻璃可能震碎。

2. 如在室外，不要靠近楼房、树木、电线杆或其他任何可能倒塌的高大建筑物。尽可能远离高大建筑物，跑到空地上去。为免地震时失去平衡，应躺在地上。倘若附近没有空地，应该暂时在门口躲避。

3. 切勿躲在地窖、隧道或地下通道内，因为地震产生的碎石瓦砾会填满或堵塞出口。除非它们十分坚固，否则地道等本身也会震塌陷。

4. 地震时，木结构的房子容易倾斜而致使房门打不开，所以，不管出不出门，首先打开房门是明智之举。

5. 发生大地震时，搁板上的东西及书架上的书等可能往下掉。这时，保护头部是极其重要的。在紧急情况下可利用身边的棉坐垫、毛毯、枕头等物盖住头部，以免被砸伤。

温馨提醒

◇当躲在厨房、卫生间这样的小开间时，尽量离炉具、煤气管道及易破碎的碗碟远些。

◇若厨房、卫生间处在建筑物的犄角旯儿里，且隔断墙为薄板墙时，就不要把它选择为最佳避震场所。

◇不要钻进柜子或箱子里，因为人一旦钻进去后便立刻丧失机动性，视野受阻，四肢被缚，不仅会错过逃生机会还不利于被救。

◇躺卧的姿势也不好，人体的平面面积加大，被击中的概率要比站立大5倍，而且很难机动变位。

◇近水不近火，靠外不靠内。这是确保在都市震灾中获得他人及时救助的重要原则。不要靠近煤气灶、煤气管道和家用电器；不要选择建筑物的内侧位置，尽量靠近外墙，但不可躲在窗户下面；尽量靠近水源。

6. 即使在盛夏发生地震，裸体逃出房间也是不雅的，而且赤裸裸的身体容易被四处飞溅的火星、玻璃及金属碎片伤害。因此，外出避难时要穿上尽可能厚的棉布衣和棉制的鞋袜，避免穿上易着火的化纤制品。

7. 如在医院住院时碰到地震，钻进床下才是最好的策略。这样，可防止从天窗或头顶掉下物品而砸伤。

8. 地震时，不要在道路上奔跑，这时所到之处都是飞泻而下的招牌、门窗等物品。因此，此时到危险场合最好能戴上一顶安全帽之类的东西。

9. 地震时，大桥也会震塌坠落河中，此时停车于桥上或躲避于桥下均是十分危险的。因此，如在桥上遇到地震，就应迅速离开桥身。

10. 大地震有时发生在海底，这时会出现海啸。掀起的海浪，会急剧升高，靠近岸边的小舟就十分危险。此时，最好是迅速离开沙滩，远离浪高的海面，才算是安全的。

11. 在公共场所遇到地震时，里面的人会因惊恐而导致拥挤，这是由于惊恐的人们找不到逃生的出口的缘故。这时需要的是镇静，定下心来寻找出口，不要乱跑乱窜。

处于不同场所应如何避震

1. 学校避震

①地震时避于桌下，背向窗户，并用书包保护头部。

②地震时切忌慌乱冲出教室，并避免慌张地上下楼梯。

听从老师指挥，及时关闭电源。
避开悬挂物，躲在桌椅旁，蹲下护头。

③地震时如在室外，可原地不动蹲下，双手保护头部，注意避开高大建筑物或危险物。

④地震时如在行驶之校车中，应留在座位上勿动，直至车辆停稳。

⑤震后应当有组织地撤离。

2. 家庭避震

地震预警时间短暂，室内避震更具有现实性，而室内房屋倒塌后形成的三角空间，往往是人们得以幸存的相对安全地点，可称其为避震空间。这主要是指大块倒塌体与支撑物构成的空间。室内易于形成三角空间的地方是：炕沿下、坚固家具附近；内墙墙根、墙角；厨房、厕所、储藏室等开间小的地方。

①抓紧时间紧急避险

如果感觉晃动很轻，说明震源比较远，只需躲在坚实的家具底下就可以。大地震从开始到振动过程结束，时间不过十几秒到几十秒，因此抓紧时间进行避震最为关键，不要耽误时间。

②选择合适避震空间

室内较安全的避震空间有：承重墙墙根、墙角；有水管和暖气管道等处。

屋内最不利避震的场所是：没有支撑物的床上；吊顶、吊灯下；周围无支撑的地板上；玻璃（包括镜子）和大窗户旁。

③做好自我保护

首先要镇静，选择好躲避处后应蹲下或坐下，脸朝下，额头枕在两臂上；或抓住桌腿等身边牢固的物体，以免震时摔倒或因身体失控移位而受伤；保护头颈部，低头，用手护住头部或后颈；保护眼睛，低头、闭眼，以防异物伤害；保护口、鼻，有可能时，可用湿毛巾捂住口、鼻，以防灰土、毒气。

3. 公共场所避震

听从现场工作人员的指挥，不要慌乱，不要拥向出口，要避免拥挤，要避开人流，避免被挤到墙壁或栅栏处。

在影剧院、体育馆等处：注意避开吊灯、电扇等悬挂物；用书等保护头部；等地震过去后，听从工作人员指挥，有组织地撤离。

4. 商场、书店、展览、地铁等处

选择结实的柜台、商品（如低矮家具等）或柱子边，以及内墙角等处就地蹲下，用手或其他东西护头；避开玻璃门窗、玻璃橱窗或柜台；避开高大不稳或摆放重物、易碎品的货架；避开广告牌、吊灯等高耸或悬挂物。

5. 在行驶的车内

抓牢扶手，以免摔倒或碰伤；降低重心，躲在座位附近。地震过去后再下车。

6. 车间工人避震

车间工人可以躲在车、机床及较高大设备下，不可惊慌乱跑，特殊岗位上的工人要

如果乘车时发生地震，切记，千万不要跳车。

乘客（特别在火车上）应用手牢牢抓住拉手、柱子或座席等，并注意防止行李从架上掉下伤人，面朝行车方向的人，要将胳膊靠在前坐席的椅垫上，护住面部，身体倾向通道，两手护住头部 背朝行车方向的人，要两手护住后脑部，并抬膝护腹，紧缩身体，作好防御姿势。

首先关闭易燃易爆、有毒气体阀门，及时降低高温、高压管道的温度和压力，关闭运转设备。大部分人员可撤离工作现场，在有安全防护的前提下，少部分人员留在现场随时监视险情，及时处理可能发生的意外事件，防止次生灾害的发生。

地震自救的禁忌

随着急救自救医疗知识的普及，很多老百姓对于灾害自救会有一定的了解，但是往往也会存在着一些认识及操作上的误区，在地震灾害自救时应严格避免。

1. 头部外伤仰起头或堵住容易导致颅内压升高，加重颅内损伤

头部外伤（颅脑损伤）出现的耳漏鼻漏忌堵塞，地震对人体的伤害主要有建筑物坍塌引起人体机械性外力伤害、掩埋窒息性损伤、震后水电火气等引起的次生伤害三个方面。震中由于打、砸、弹击、撞、撕拉、震动、挤压、碰跌等方式很容易引起颅脑损伤，颅骨骨折经耳朵和鼻子流出脑脊液，此时不少人习惯性的做法是仰起头或堵住，这样做很容易导致颅内压升高，加重颅内损伤，并且回流液体也容易导致严重的颅内感染。

2. 胸部有锐利物刺入忌拔

震中建筑物坍塌很容易导致锐利的器物刺入人体胸部，此时，很多伤者习惯性的动作是顺手将锐器拔出。要注意，这是非常错误的做法。原因有两点：首先，在没有救护措施时突然拔出器物很容易造成血管破裂，大量出血，危及生命。其次，大气在拔出锐器的瞬间很容易进入负压胸膜腔，造成气胸，引发纵隔摆动，挤压心脏而停跳。正确的做法先用手稳固住插入物，也可简单用布条（紧急情况时可用衣服等代替）轻轻束缚住锐器刺入部位，避免剧烈活动，等待或寻求救援。

3. 肠子外露不能往回塞

肚皮是人体上很薄很脆弱的部位，一旦在震中受伤，很容易造成肚皮被刺破使肠子脱出。遇到这种情况，一般人的下意识动作是用手托住脱出的肠子往肚腔里塞，这也是十分错误的做法。原因有三点：①脱出肠子很容易被感染，在没有医疗条件的情况下，自己往回塞很容易导致严重的腹腔感染；②盲目地回塞肠子时，容易使肠子扭塞，导致机械性肠梗阻；③脱落出的肠子很可能已经被刺破，回塞容易导致一些粪便等脏物透过肠壁溢出，导致严重腹膜炎。

4. 近肢端动脉出血绑扎点忌就近

地震中如果造成手臂部或小腿部近肢端（也就是靠近手、脚的踝部）动脉出血，在

绑扎时，要注意不能在出血点就近部位缚扎，应选择过膝、过肘的绑扎点。因为相应大血管穿行于尺桡骨和胫腓骨之间，不利于止血且易伤及相关神经（桡神经）。

5. 皮肤破损出血切忌用泥土糊

民间有种说法，对于皮肤破损出血的情况拿泥土糊上去可消炎止血。这其实是一个误区。泥土中含有一种厌氧菌——破伤风杆菌，用这种方法不仅起不到消毒止血的功效，还很容易导致破伤风，重者致命。

6. 骨折后（被砸后）肢体切忌"轻举妄动"

震中倘若遇到被砸的情况，首先要考虑骨折的可能性。那么在自救的过程中，要避免被砸部位的活动，防止骨折断端受到二次伤害，加重血管和神经的严重损伤。可因地制宜，找两个小木棍之类的东西越过关节夹住骨折部位，再用绳或布条缠绕，以远端指趾不麻木为宜，就会起到良好的固定作用。

7. 遇有害气体泄漏切忌顺风躲避

地震中各项设施损坏，有害气体泄漏的情况时有发生。很多灾民遇到这种情况时都十分慌乱，只顾逃跑躲避忽略风向。很多人甚至是盲目地跟着人群顺风而跑。要注意，此时逆风而上是最正确的躲避方法，可有效避免有害气体顺风而下，致人体受到的伤害。

8. 自救时呼救忌盲目大喊大叫

地震时如果被困无法逃脱，大家都知道通过呼救引起救援人员注意。但通常有很多人出于惊慌，在被困时声嘶力竭地哭泣，拼尽全身力气呼喊自己的亲人，要注意这样盲目地持续大喊大叫，会过多地消耗体力，导致肌体耗氧量增加，容易引起昏厥或休克。此时应抓住时机有效呼叫，尚可充分利用一些手边的金属物进行敲击，或采用发光的亮片（如玻璃、镜子等），通过反射光引起救援人员注意，如有收音机可开大音响等多种呼救方式，从而达到自救呼叫的目的。

地震现场护救

地震造成的伤害主要由房屋倒塌造成人体砸伤、压伤。头颅、胸腹、四肢、脊柱均可受伤。由于同时出现大批伤员，现场救护往往需在救护群众帮助下进行。

1. 扶行法

适宜清醒伤病者。没有骨折，伤势不重，能自己行走的伤病者。

方法：救护者站在身旁，将其一侧上肢绕过救护者颈部，用手抓住伤病者的手，另

一只手绕到伤病者背后，搀扶行走。

2. 背负法

适用老幼、体轻、清醒的伤病者。

方法：救护者朝向伤病者蹲下，让伤员将双臂从救护员肩上伸到胸前，两手紧握。救护员抓住伤病者的大腿，慢慢站起来。

如有上、下肢、脊柱骨折不能用此法。

3. 爬行法

适用清醒或昏迷伤者。

在狭窄空间或浓烟的环境下。

4. 抱持法

适于年幼伤病者，体轻者没有骨折，伤势不重，是短距离搬运的最佳方法。

方法：救护者蹲在伤病者的一侧，面向伤员，一只手放在伤病者的大腿下，另一只手绕到伤病者的背后，然后将其轻轻抱起。

注意：如有脊柱或大腿骨折不能用此法。

5. 轿杠式

适用清醒伤病者。

方法：两名救护者面对面各自用右手握住自己的左手腕。再用左手握住对方右手腕，然后，蹲下让伤病者将两上肢分别放到两名救护者的颈后，再坐到相互握紧的手上。两名救护者同时站起，行走时同时迈出外侧的腿，保持步调一致。

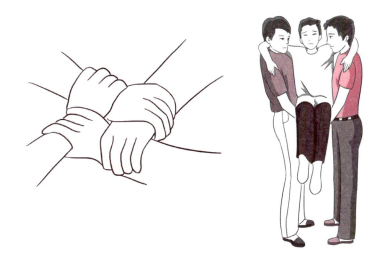

6. 双人拉车式

适于意识不清的伤病者。

方法：将伤病者移上椅子、担架或在狭窄地方搬运伤者。

两名救护者，一人站在伤病者的背后将两手从伤病者腋下插入，把伤病者两前臂交叉于胸前，再抓住伤病者的手腕，把伤病者抱在怀里，另一人反身站在伤病者两腿一侧将伤病者两腿抬起，两名救护者一前一后地行走。

7. 二人异侧运送

方法：两名救护者站在伤病者的一侧，分别在肩、腰、臀部、膝部，第三名救护者可站在对面，伤病者的臀部、两臂伸向伤员臀下，握住对方救护员的手腕。三名救护员同时单膝跪地，分别抱住伤病者肩、后背、臀、膝部，然后同时站立抬起伤病者。

8. 四人异侧运送

方法：三名救护者站在伤病者的一侧，分别在头、腰、膝部，第四名救护者位于伤病者的另一侧腹部。四名救护员同时单膝跪地，分别抱住伤病者颈、肩、后背、臀、膝部，再同时站立抬起伤病者。

地震后被压埋困陷的自救

大震发生后，到处是残垣断壁、危楼及倒房构成的瓦砾堆。在没有外来人员援救之前，自救是一项与死神争分夺秒的斗争。时间就是生命，时间越长，存活率越低。地震对人体的伤害，大部分是倒塌的房屋所造成的。震后，灾区群众积极投入互救，是减轻人员伤亡最及时、最有效的办法。抢救时间及时，获救的希望就越大。

如果震后不幸被废墟埋压，要尽量保持冷静，设法自救。无法脱险时，要保存体力，尽力寻找水和食物，创造生存条件，耐心等待救援。

1. 地震施救原则：先救近处的，不论是家人、邻居，还是陌生人，不要舍近求远；先救容易救的人，这样可迅速壮大互救队伍；先救青壮年和医务人员，可使他们在救灾中充分发挥作用；先救"生"，后救"人"。在唐山大地震中，有一名农村妇女，她每救一个人，只把其头部露出，避免窒息，接着再去救另一个人，在很短时间内使几十人获救。

2. 在进行营救行动之前，要有计划、有步骤，通过了解、搜寻，确定废墟中有人员埋压后，判断其埋压位置，向废墟中喊话或敲击等方法传递营救信号。

3. 被埋压在废墟下时，至关重要的是不能在精神上发生崩溃，要有勇气和毅力。强烈的求生欲望和充满信心的乐观精神，是自救过程中创造奇迹的强大动力。地震中被埋压在废墟下时，周围又是一片漆黑，只有极小的空间，你一定不要惊慌，要沉着，树立生存的信心，相信会有人来救你，要千方百计保护自己。

4. 被压埋后，注意用湿手巾、衣服或其他布料等捂住口鼻和头部，避免灰尘呛闷发生窒息及意外事故，尽量活动手和脚，消除压在身上的各种物体，用周围可搬动的物品支撑身体上面的重物，避免塌落，扩大安全活动空间。条件允许时，应尽量设法逃避险境，朝更安全宽敞、有光亮的地方移动。

5. 被埋压后，要注意观察周围环境，寻找通道，设法爬出去，无法爬出去时，不要大声呼喊，当听到外面有人时，再呼叫，或敲击出声，向外界传递信息求救。无力脱险时，尽量减少体力消耗，寻找食物和水，并有计划使用，乐观等待时机，想办法与外面援救人员取得联系。

6. 地震后，往往还有多次余震发生，处境可能继续恶化，为了免遭新的伤害，要尽量改善自己所处的环境。此时，如果应急包在身旁，将会为你脱险起很大作用。

7. 在极不利的环境下，首先要保护呼吸畅通，挪开头部、胸部的杂物，闻到煤气、毒气时，用湿衣服等物捂住口、鼻；避开身体上方不结实的倒塌物和其他容易掉落的物体；扩大和稳定生存空间，用砖块、木棍等支撑残垣断壁，以防余震发生后，环境进一步恶化。

8. 如果被埋在废墟下的时间比较长，救援人员未到，或者没有听到呼救信号，就要想办法维持自己的生命，防震包内的水和食品一定要节约，尽量寻找食品和饮用水，必要时自己的尿液也能用于解渴。

地震后扭伤的紧急处理

地震后逃生过程中由于慌乱或者大量物体倒塌在地，容易绊倒而发生扭伤。扭伤的部位往往是关节附近，以脚踝最为常见。

1. 扭伤后的紧急处理第一步是固定，固定的目的是为了让伤处休息、提供支撑的力量、减轻疼痛等。

2. 最好使用弹性绷带，自肢体远端（即远离躯干的方向）开始，对伤处进行缠绕。如果无法找到绷带，也可以使用厚衣物或枕头，将伤处包起来。

3. 为了减轻疼痛，防止伤处继续肿胀，在受伤一天之内可以冷敷。第二天，再以热敷的方式来促进消肿。但如果开始热敷后，发现伤处又再度肿起来，就要继续冷敷。

地震后砸伤的紧急处理

地震后若被砸伤，而没有被压埋，不要过于紧张，要冷静处理。

首先，要试着移动一下四肢，判断一下是否有骨折、头颈、脊椎损伤。如果肢体活动自如，没有活动受限或者根本无法活动的情况，那么多数情况下，仅仅是被砸伤部位有出血伤口。一般伤口的处理原则不是太复杂，一定不要惊慌失措。平静下来，迅速处理伤口，同时撤离现场。伤口的紧急处理主要有两条：清洁和止血。

1. 清洁

地震发生之时，尘土飞扬，伤口难免会沾上一些脏东西，有时候甚至会有小石子或碎玻璃嵌在伤口里，这些脏东西容易使伤口感染。

在地震后，通常不可能找到生理盐水，这时我们可以使用干净流动的自来水冲洗伤口。理想的状况下，我们需要生理盐水来冲洗伤口上的灰尘。对于嵌在伤口里的碎玻璃和小石子，别急着想办法把它们弄出来，否则会有划破血管导致大出血的可能。应该在清洁伤口之后，用干净的布或纸巾覆盖伤口，待专业的医护人员来处理。

注意：如果伤口出血很严重，止血就成为第一步要做的事情，待出血止住或医务人员到场后再处理伤口污染问题。

2. 止血

最常用的简便有效的止血方法就是"直接加压法"。具体的方法是，用干净的布块或纸巾，直接在出血伤口上方施压；如果出血仍然不止，那么可以将伤口部位抬高超过心脏的位置，并继续加压到不再流血为止。

注意：不可用布条或绷带长时间环扎出血肢体，否则容易导致肢体缺血坏死。如果迫不得已必须采用环扎法，要注意肢体末端的感觉和皮肤颜色，如果感觉麻木或者皮肤颜色发紫或发黑，一定要解压。

地震后断肢的紧急处理

地震中很多伤员发生肢体断裂。通常在这种情况下，伤员多已陷入昏迷，只能由旁人施救。如果看到伤者断肢的情形，千万要保持冷静。只有冷静下来，才能更好地救助伤员。

1. 止血永远是第一步

可以用松紧带或橡皮筋绑在伤口的上方，一定要紧，要看到出血减慢。断肢后都有较大血管的破裂，其出血一般都比较凶猛，如不及时有效止血，伤员会很快发生出血性休克，以致无法等到救援者到来。

2. 尽快求救

先打电话到医院，一定要告诉对方伤员有断肢的情况，以方便医院先安排。然后，再向周围人求救，一起救助伤员。

3. 保护断肢

准备两个清洁的塑料袋或两个装得下断肢的清洁容器，内层放断肢，外层放冰块。低温可以保护断肢，防止断肢腐败。但一定要注意，不能将断肢直接放在冰水或冰块之中。对于细小的手指等断肢，一定要保存好，以防慌乱中丢失。多半的断肢，在处理得当的情况下，都是可以通过外科手术接回去，且恢复它大部分的功能。

4. 密切观察出血部位

如果出血不仅没有停止，还有增多的情形，要及时调整止血方法。但松解松紧带或橡皮筋时，要同时压迫出血部位，防止突然解压后大出血致使止血更加困难。

5. 密切观察伤员情况

如果伤员仍有意识，可以给其喝一些淡盐水。如果附近有小的诊室，就为伤员先行输液。

地震后骨折的紧急处理

骨折是地震后各种人体伤害中发生几率最高的。所以，我们应该掌握一些骨折后急救的基本知识。

1. 骨折后的种种表现

①受伤的部位变形，它的长度和形状会与另一侧肢体不一致。

②受伤的人听到"啪"的裂声，或是感觉到骨头断裂。

③伤口的颜色变紫、变肿。

④受伤的地方移动不自然，或是移动有困难。移动的时候会非常疼痛，或是移动时与正常的一侧肢体不同。

⑤肢体移动时没有困难，可是有"嘎吱嘎吱"的摩擦声。

⑥直接从伤口就可以看得见断裂的骨头（即为开放性骨折）。

2. 正确处理

①固定伤口

最好用夹板固定受伤部位的上下两处，越过伤口，让骨折的部位不能再移动。这样，既能止痛，又能防止因为骨折断端的移位而损伤神经、血管。在震区，往往无法找到像医院一样的夹板，这时可以就地取材，用一些厚报纸、两把伞的骨架、扫把柄、硬纸板、树枝等坚硬具有固定伤口作用的物品，再用布条将伤口固定住，这样也可以达到给骨折部位上夹板的效果。如果实在无物可用，可将受伤的上肢固定于胸壁，受伤的下肢固定于健侧，这样也能起到固定作用。

②如果有出血的情形，就轻轻地加压止血

止血过程中尽量不要使骨折骨发生移位。出血量大者，可以采用加压包扎或者止血带止血的方法。但要注意，大量出血与骨折断端移位比较，前者更具有致命性。

③等待救援的过程中，千万不要清洗伤口，也不要往伤口上涂药，伤口表面有明显

异物可以取掉，用干净的布块或纸巾轻轻盖在伤口上即可。对于开放性骨折暴露于体表外的骨头断端，千万不要将其推回去，以免将污染物带入深层，只要盖好就可以了。

④在没有固定之前，不要移动伤员。如果是自己骨折，一定要告诉身旁想帮助你的人，不要随便移动你，以免使骨折的情况更加恶化。

⑤力所能及的救治完成后，应设法尽快与医疗机构取得联系，以求获得进一步妥善的治疗。

地震灾难过后的心理重建

在地震灾难发生之后，很多人身体受到伤害，还要经历丧失亲人的悲痛。在这种情况下，受难者会因灾难而产生一系列身心反应。除了寻求帮助外，幸存者自己也要认识到这种心理或情感异常，要运用各种方法积极走出困境。

1. 灾难过后可能会有的反应

①对自己经历的一切感到麻木与困惑。

②对幸免于难产生罪恶感。

③过度地为受难者悲伤、忧郁。

④因心力交瘁、筋疲力尽而觉得生气，例如对周围亲友、政府官员、媒体等感到愤怒，甚至出现暴躁易怒的情形。

⑤觉得自己可以做得更好、做得更多而产生罪恶感，怀疑自己是否已经尽力，有无充分帮助周围的人。

⑥由于身心极度疲劳及休息与睡眠的不足，容易产生生理上的不适感，例如晕眩、呼吸困难、胃痛、紧张、无法放松等。

⑦对于接受帮助觉得尴尬、难堪。

⑧灾难发生时的情景不停地在脑海中再现，整日处于恐惧和不安之中。

2. 排解的办法

①与家人或者朋友交流，将内心的各种情绪说出来，让别人有机会了解自己。

②一定要有充足的睡眠与休息，多与家人和朋友聚在一起。

③放松心情，不要勉强自己去遗忘，伤痛会停留一段时间，是正常的现象。

④在伤痛及伤害过去之后，要尽力使自己的生活作息恢复正常。

⑤如果有任何的需要，一定要向亲友及相关单位表达。

震后防疫

大震之后必有大疫。地震发生后，幸存者短时间内失去衣、食、住等起码的物质生活条件，水井、厨房、澡塘、厕所以及垃圾箱等生活卫生设施遭到严重破坏，停水、停电，交通阻塞，通讯中断，救援物资运入灾区困难。供水系统、居住环境、卫生设施被破坏，人的免疫力也在一定时间内下降，这给了各类传染病可乘之机。

1. 防止水源被污染

地震如果在夏天，气温高，人畜尸体很快腐烂，如果污水、粪便、垃圾无人管理，这将会形成大量传染源，蝇密度很快增高，进而导致水源、空气污染严重。一旦水源受到污染，势必会通过饮水诱发各类传染病。此外，食源性疾病和饮水安全也很重要。震后房屋倒塌，粮食受潮霉变、腐败变质，存在发生食物中毒的潜在危险，而水源和供水设施被破坏、污染，也令饮水存在安全隐患。

2. 大力杀灭蚊蝇

震后由于厕所、粪池被震坏，下水管道断裂，污水溢出以及大批尸体腐烂，加之卫生防疫管理工作一时瘫痪，可以形成大量蚊蝇孳生地，在短时内繁殖大批蚊蝇，威胁群众安全，必须采取一切有效措施，大力杀灭蚊蝇。

3. 灾后特别要注意肠道疾病

这种病主要是通过"病人或带菌者肠道中病原体→排泄物→水、食物、手、苍蝇等→易感的健康人口→新病人或带菌者"的形式传播的。我们要严格消毒饮用水及食物。

4. 地震后有可能引发以下病症

霍乱、甲肝、伤寒、痢疾、感染性腹泻、肠炎等；乙脑、黑热病、疟疾等；鼠疫、流行性出血热、炭疽、狂犬病等；以及破伤风、钩端螺旋体病等；常见传染病，包括流脑、麻疹、流感等呼吸道传染病等。

避震自救口诀

大震来时有预兆，地声地光地颤摇，虽然短短几十秒，做出判断最重要。

高层楼撒下，电梯不可搭，万一断电力，欲速则不达。

平房避震有讲究，是跑是留两可求，因地制宜做决断，错过时机诸事休。

次生灾害危害大，需要尽量预防它，电源燃气是隐患，震时及时关上闸。

强震颠簸站立难，就近躲避最明见，床下桌下小开间，伏而待定保安全。

震时火灾易发生，伏在地上要镇静，沾湿毛巾口鼻捂，弯腰匍匐逆风行。

震时开车太可怕，感觉有震快停下，赶紧就地来躲避，千万别在高桥下。

震后别急往家跑，余震发生不可少，万一赶上强余震，加重伤害受不了。

新西兰地震中人员逃生记

2011年2月22日，新西兰南岛克赖斯特彻奇发生里氏6.3级的地震，在坍塌严重的CTV大楼，中国留学生刘宏玲幸运逃出。

地震发生前，她正在坍塌严重的CTV大楼3楼用午餐。她当时和另一名中国女孩说话，周围还有10多名日本留学生。地震那一刻，刘宏玲感觉到大楼在剧烈晃动，震塌的水泥板突然下落。幸运的是她坐的地方，周围有木头支撑，留下了容纳她一人的空间。

"几秒钟的时间，周围的人一个都不见了"，刘宏玲描述，地震后周围一片寂静，她一人蜷缩在漆黑的空间里。幸好在黑暗中她看到一丝微光，透过这一丝微光她慢慢往外爬。大约爬出2米远，就离开了CTV大楼。

刘宏玲爬出大楼，受伤的头部流血不止，眼睛红肿。幸好她被路人救起，两名年轻人又将她送到了当地医院救治。

"我一定会活下去！"

汶川大地震中在坍塌矿洞废墟里被埋170个小时后，安县矿工彭国华居然奇迹般地生还。"我一定会活下去！"彭国华讲述自己被埋7天7夜的惊魂记忆。洞口坍塌，掉下来的全是灰，他当时戴着挖矿用的防尘罩，在满洞口飞舞的灰尘中趴在地上，紧闭双眼。7天7夜，他在洞里主要靠喝自己的小便和吃草纸生存。为了保存体力，他在洞里基本上不动，采取的姿势有俯卧、半卧和半跪。他一直坚信妻子会来救他。当将洞口封死的石壁被挖出一个拳头大小的洞，救援的人这才确认他还活着。

海啸

　　海啸是由风暴或海底地震造成的海面恶浪并伴随巨响的现象。海啸是一种具有强大破坏力的海浪。这种波浪运动引发的狂涛骇浪，汹涌澎湃，它卷起的海涛，波高可达数十米。这种"水墙"内含极大的能量，冲上陆地后所向披靡，往往对生命和财产造成严重摧残。

海啸的 4 种前兆

　　1. 海水异常的暴退或暴涨。

　　2. 离海岸不远的浅海区，海面突然变成白色，其前方出现一道长长的明亮的水墙。

　　3. 位于浅海区的船只突然剧烈地上下颠簸。

　　4. 突然从海上传来异常的巨大响声，在夜间尤为令人警觉。

海啸前

　　1. 地震海啸发生的最早信号是地面强烈震动，地震波与海啸的到达有一个时间差，正好有利于人们预防。地震是海啸的"排头兵"，如果感觉到较强的震动，就不要靠近海边、江河的入海口。如果听到有关附近地震的报告，要做好防海啸的准备，要记住，海啸有时会在地震发生几小时后到达离震源上千公里远的地方。

　　2. 如果发现潮汐突然反常涨落，海平面显著下降或者有巨浪袭来，并且有大量的水泡冒出，都应以最快速度撤离岸边。

　　3. 海啸前海水异常退去时往往会把鱼虾等许多海生动物留在浅滩，场面甚为壮观。此时千万不要前去捡鱼或看热闹，应当迅速离开海岸，向内陆高处转移。

　　4. 通过氢气球可以听到次声波的"隆、隆"声。

发生海啸时

　　1. 发生海啸时，航行在海上的船只不可以回港或靠岸，应该马上驶向深海区，深海区相对于海岸更为安全。

　　2. 因为海啸在海港中造成的落差和湍流非常危险，船主应该在海啸到来前把船开到开阔海面。如果没有时间开出海港，所有人都要撤离停泊在海港里的船只。

3.海啸登陆时海水往往明显升高或降低，如果看到海面后退速度异常快，立刻撤离到内陆地势较高的地方。

海啸时的自救要点

如果发生海啸，刚好在海岸边游玩的人们应该注意哪些情况以便迅速自救求生呢？

1. 快跑

面对像水墙一样滚滚而来的海啸，任何人都是无法抵挡的。在海边接受到海啸来临的信号后，第一选择就是以最快的速度向高山、坚固的建筑物等最高处跑。

2. 抓紧

如果来不及跑出灾难区，或者巨大的水墙就在身后，此时应该采取的求生行动是立刻抓住一个固定物体。因为巨大的水流可能把遇险者冲往任何方向，而造成其神志不清甚至昏迷，人在神志不清的情况下最容易造成呛水。抱住坚固的物体能够防止把人冲走，甚至可以用绳子将自己捆在固定物体上。当浪头过来时，深吸一口气后立刻屏住呼吸，当屏不住时再慢慢呼气，直到浪头过去。

3. 浮起

如果在平坦的地区，没有高处可逃，可以立即乘坐在木板、床垫等具有浮性的物体上，然后背朝浪的来向，身体蹲下或者趴在该物体上，牢牢抓住。这时最大的危险在于第一波海浪袭来时，非常容易将人与物体冲击分离，或者打翻。如果能够经受住了第一波海浪袭击，就有很大的生存希望了。

温馨提醒

◇在水中不要举手，也不要乱挣扎，尽量减少动作，能浮在水面随波漂流即可。这样既可以避免下沉，又能够减少体能的无谓消耗。

◇人在海水中长时间浸泡，热量散失会造成体温下降。溺水者被救上岸后，最好能放在温水里恢复体温，应尽量为其裹上被、毯、大衣等保温。

◇如果落水者受伤，应采取止血、包扎、固定等急救措施，及时送医院救治。

◇要记住及时清除落水者鼻腔、口腔和腹内的吸入物。如心跳、呼吸停止，则应立即交替进行口对口人工呼吸和心脏挤压。

海啸中抓住渔船获救

2011 年 3 月 11 日，日本大地震引发的海啸给宫城县带来严重灾情。一名来自宫城县的幸存者——石川龙郎经历了本次海啸，他先被海浪吞没、身受重伤，最后被自卫队救出，幸免于难。在医院接受电视台的采访时，他谈到了自己与海浪搏斗的经历。

石川当时与父母待在自己家中。当被海水吞没时，他肋骨折断，受了重伤。最后，石川抓住渔船，幸免于难。12 日下午，石川被自卫队用直升机救离现场。

石川回忆说："地震发生后，我正在屋里收拾东西，突然，1 米高的水从道路那边涌过来，于是，我上到 2 楼。从窗户向海岸方向望去，一间间房屋相继被黑色的巨浪吞噬。海水迅速靠近我家，房子被水吞没，倒了下来。我从窗户逃出，浮到水面。这时候，一艘渔船被水冲过来，我就紧紧地抓住船。"

智利地震引发海啸

1960 年 5 月，智利中南部的海底发生了强烈的地震，引发了巨大的海啸，导致数万人死亡和失踪，沿岸的码头全部瘫痪，200 万人无家可归，这是世界上影响范围最大、也是最严重的一次海啸灾难。这次地震最大震级为里氏 8.4 级，引起海啸最大波高为 25 米。这次地震引起的海啸使智利一座城市中的一半建筑物成为瓦砾场，沿岸 100 多座防波堤坝被冲毁，2000 余艘船只被毁，损失 5.5 亿美元，造成 900 多人丧生。

夫妇漂流 6 小时获救

香港一对到泰国南部度假的夫妇在酒店内被巨浪卷走，二人靠床褥及浮木在海浪中经历生死，在互相扶持下，终于在大海中漂浮 6 个小时后获救。

这对姓高的夫妇在发生海啸当日在酒店二楼睡觉，被突然涌至的大浪冲走，夫妇俩靠一张床褥和一根浮木，在海上漂流 6~7 个小时后，在普吉岛附近的蔻立海面被渔民救起。

印尼地震引发海啸

2004 年 12 月 26 日上午，印尼北部苏门答腊岛海域发生 8.9 级地震，并引发强烈海啸，人群和房屋瞬间被汹涌的海水吞没，城市变为一片汪洋。这次海啸造成至少 28 万人死亡，包括至少 600 名华人。

气象灾害

气象灾害是指大气对人类的生命财产和国民经济建设及国防建设等造成的直接或间接的损害。它是自然灾害中的原生灾害之一。气象灾害包括台风、暴雨、雷雨大风、高温、寒潮、大雾、低温冰冻、龙卷风、沙尘暴等。

台风

热带气旋就是人们常说的台风，是发生在热带或副热带海洋上的低压涡旋。像小孩玩的陀螺一样，边走边转，越转越大，是自然灾害中破坏最大的灾害之一。灾害主要表现为狂风、暴雨和风暴潮。

热带气旋可分为：热带低压、热带风暴、强热带风暴、台风、强台风和超强台风六个等级。

台风预警信号

台风预警信号分五级，分别以白色、蓝色、黄色、橙色和红色表示。

蓝色	24小时内可能受热带气旋影响，平均风力可达6级以上，或阵风7级以上；或者已经受热带气旋影响，平均风力为6~7级，或阵风7~8级并可能持续。
黄色	24小时内可能受热带气旋影响，平均风力可达8级以上，或阵风9级以上；或者已经受热带气旋影响，平均风力为8~9级，或阵风9~10级并可能持续。
橙色	12小时内可能受热带气旋影响，平均风力可达10级以上，或阵风12级以上并可能持续。
红色	6小时内可能或者已经受台风影响，平均风力可达12级以上，或者阵风达14级以上并可能持续。

台风来前要关注预警

台风来临前要及时收听、收看或上网查阅台风预警信息，了解政府的防台行动对策。防汛部门根据台风接近和影响程度，会及时发布不同的预警。若 24 小时内影响本地区，一般会发布蓝色或黄色预警。若 12 小时内影响本市，会发布橙色预警。若 6 小时内影响本市，发布的是红色预警。市民必须重视预警，迅速做好准备。

台风来临前的准备

1. 关紧门窗，在窗玻璃上用胶布贴成"米"字图形，以防窗玻璃破碎。

2. 清理窗台将放置在窗外不锈钢框架里或阳台上的花盆、杂物搬进室内，检查雨篷、空调室外机的固定架是否松脱。如果阳台封有铝合金窗或塑钢窗，必须检查窗架是否需要加固。

3. 检查房屋是否牢固安全，若是危旧建筑应马上离开避险。

4. 处于可能受淹的低洼地区的人要及时转移。

5. 检查电路、炉火、煤气等设施是否安全。

6. 不要到台风经过的地区旅游或到海滩游泳，更不要乘船出海。

7. 如果家中只有老人，而菜场、超市离家又较远，不妨多买些水果、蔬菜、鱼肉等副食品储存在冰箱里备用。准备蜡烛、手电筒，以备台风来临停电时使用。

8. 如果你是开车旅游，则应将车开到地下停车场或隐蔽处；如果你住在帐篷里，则应收起帐篷，到坚固结实的房屋中避风。

台风来临时行人的防护

1. 台风期间，尽量不要外出行走，倘若不得不外出时，应弯腰将身体紧缩成一团，一定要穿上轻便防水的鞋子和颜色鲜艳、紧身合体的衣裤，把衣服扣好或用带子扎紧，以减少受风面积，并且要穿好雨衣，戴好雨帽，系紧帽带，或者戴上头盔。

2. 行走时，应一步一步地慢慢走稳，顺风时绝对不能跑，否则就会停不下来，甚至有被刮走的危险；要尽可能抓住墙角、栅栏、柱子或其他稳固的固定物行走。风大造成行走困难时，可就近到商店、饭店等公共场所暂避。

3. 经过狭窄的桥或高处时，最好伏下身爬行，否则极易被刮倒或落水。

4. 尽量不要在高墙、广告牌及居民楼下行走，以免发生重物倾斜或高空坠物等突发事件。在建筑物密集的街道行走时，要特别注意落下物或飞来物，以免砸伤。远离高大树木、棚子、架子、架空电线等。

5.台风容易造成头部外伤,被刮倒的树木、电线杆或高空坠落物如花盆、瓦片等击伤,刮台风时,要注意躲避高大建筑物下的高空坠物。走到拐弯处时,要停下来观察一下再走,贸然行走很可能被刮起的飞来物击伤。

6.避开高层施工现场,不可靠近塔吊或工地围墙。

7.避开铁塔:躲避暴风雨的同时也要注意防雷击,不宜靠近铁塔、变压器、吊机、金属棚、铁栅栏、金属晒衣架,不要在大树底下以及铁路轨道附近停留。

8.如果台风期间夹着暴雨,要特别注意路上水深,不要在道路边缘或打着漩涡的路上行走,以免落入水中。

9.野外旅游时,听到气象台发出台风预报后,能离开台风经过地区的要尽早离开,否则应贮足罐头、饼干等食物和饮用水,并购足蜡烛、手电筒等照明用品。

出行车辆注意事项

1.骑单车:12级台风刮来时,整个人体受到的风力约有100千克。就算是8级风力,人体受到的冲力也很大。如果骑自行车、助动车或摩托车,受到的冲力可能更大,车头可能漂移失控。如果台风在当天下班前可能来袭,上班时就别骑车了。

2.开车降速:台风来袭时,风雨往往忽大忽小。如果风雨一时变小,开车市民也要保持低速慢行,看清道路。因为若此时突然又刮起强风,行人很可能身不由己地被刮至车前。在过下通式立交桥前要先降速,看清桥下有无可能导致车辆熄火的积水。

航海船只注意事项

1. 注意收听邻近地区气象台的气象预报，及时了解海风、海浪情况。

2. 保持与陆地指挥系统的联络，及时避开台风的突袭。

3. 尚未出港的船只要推迟出航时间，待风暴过后再出航；在海面航行的船只要根据台风移动方向和范围，适当改变航线绕道而行，或抢在台风来到之前迅速穿过。

沿海居民防范台风措施

1. 由于台风经过岛屿和海岸时破坏力最大，所以要尽可能远离海洋；在海边和河口低洼地区旅游时，应尽可能到远离海岸的坚固宾馆及台风庇护站躲避。如果正在海上旅游，则应尽快动员船员将船只驶入避风港，封住船舱，如是帆船，要尽早放下船帆。

2. 台风引发的风暴潮容易冲毁海塘、码头、护岸等设施，甚至可能直接冲走附近的人。台风来临前，海产养殖人员、水库下游的人员、临时工棚等危险地段的人员都应及时转移。

3. 沿海乡镇在台风来临前要加固各类危旧住房、厂房、工棚、临时建筑、在建工程、市政公用设施（如路灯等）、吊机、施工电梯、脚手架、电线杆、树木、广告牌、铁塔等，千万不要在以上地方躲风避雨。

4. 台风带来的暴雨容易引发洪水、山体滑坡、泥石流等灾害，发现危险征兆应及早转移。

5. 台风来临时，千万不要在河、湖、海的路堤或桥上行走，不要在强风影响区域开车。万一不慎被刮入大海，应千方百计游回岸边，无法游回时也要尽可能寻找漂浮物，以待救援。

台风过后的处理办法

强台风过后不久，一定要在房子里或原先的藏身处呆着不动。因为台风的"风眼"在上空掠过后，地面会风平浪静一段时间，但绝不能以为风暴已经结束。通常，这种平静持续不到1个小时，风就会从相反的方向以雷霆万钧之势再度横扫过来，如果你是在户外躲避，那么此时就要转移到原来避风地的对侧。

台风去后谨防触电

1. 台风刮来时或台风去后常可能发生触电事故。在台风去后，特别要关照孩子别去电线吹落处玩耍。

2. 落地电线要远离看到落地电线，无论电线是否扯断，都不要靠近，更不要用湿竹竿、湿木杆去拨动电线。若住宅区内架空电线落地，可先在周围竖起警示标志，再拨打电力热线报修。

3. 屋漏须断电检查眼下许多家庭使用拖线板连接微波炉、冰箱、电视机，而拖线板往往就放置在地板上。家住底层的市民若在台风过后回到家发现积水，必须先切断电源，再进屋收拾拖线板。若发现墙壁、水龙头或其他地方"麻电"，要立即报修。

4. 电击伤主要是被刮倒的电线击中，或踩到掩在树木下的电线。不要打赤脚，最好是穿雨靴，防雨同时起到绝缘作用，预防触电。走路时观察仔细再走，以免踩到电线。特别是通过小巷时，也要留心，因为围墙、电线杆倒塌的事故很容易发生。

5. 发生此类事故，应拨打 120 急救，想办法切断电源，不要擅自搬动伤员或自己找车急救。如果搬动不当，容易对患者或骨折患者造成神经损伤，严重时会发生瘫痪。

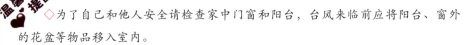

◇为了自己和他人安全请检查家中门窗和阳台，台风来临前应将阳台、窗外的花盆等物品移入室内。

◇在航空、铁路、公路三种交通方式中，公路交通受台风影响最大。如果一定要出行，建议不要自己开车，可以选择坐火车。

台风中顽强求生

2007 年 11 月 21 日，台风"海贝思"把 7 名中国渔民刮到了海上。他们的全部"装备"，就是一块塑料泡沫。没有食品，也没有淡水。他们中的 3 人，在大海上与死神顽强搏斗了 7 天 7 夜，奇迹般地得以生还。

第 8 天 10 时多，渔民们看到远处有一艘英国籍的大船。几个人拼命挥手臂，大船掉头过来后，放下缆绳和十几个救生圈，将他们一个个拉上船。

随后，他们随船到了印度。英国船长向中国驻印度使馆求助。中国大使馆立即为 3 人办理了护照，并安排他们住进医院。经过 3 天的治疗，使馆派人将他们送上了回国的飞机。

暴雨

24 小时降水量达到或超过 50 毫米称为暴雨。由于各地降水和地形特点不同，所以各地暴雨洪涝的标准也有所不同。特大暴雨是一种灾害性天气，往往造成洪涝灾害和严重的水土流失，导致工程失事、堤防溃决和农作物被淹等重大的经济损失。特别是对于一些地势低洼、地形闭塞的地区，雨水不能迅速宣泄造成农田积水和土壤水分过度饱和，会造成更多的地质灾害。

暴雨预警信号

暴雨预警信号分三级，分别以黄色、橙色、红色表示。

	黄色	12 小时内降雨将达 50 毫米以上，或已达 50 毫米以上，可能或已经造成影响且降雨可能持续。
	橙色	3 小时内本地降雨量已达 50 毫米以上，且雨势可能持续。
	红色	3 小时内本地降雨量已达 100 毫米以上，且降雨可能持续。

暴雨来临前的准备

1. 检查房屋，如果是危旧房屋或处于地势低洼的地方，应及时转移。

2. 暂停室外活动，学校可以暂时停课。

3. 检查电路、炉火等设施是否安全，关闭电源总开关。

4. 提前收盖露天晾晒物品，将家中贵重物品置于高处。

5. 暂停田间劳动，户外人员应立即到地势高的地方或山洞暂避。

雨水中如何安全行走

在街上遇暴雨应立即到室内避雨，不要在高楼下停留，也不要在大型广告牌下躲雨或停留，以免被坠落的物品砸伤。在积水中行走要注意观察，防止跌入窨井或坑、洞中。

雨水过膝时，尽量不要淌水前行。如果有急事，可结队拉手涉水并保持双膝弯曲，这样稳定率会加大30倍。

以40厘米的水流举例，在40厘米深的水中歪倒并冲走，你基本没有爬起来的可能性，想像一根木头在水里被冲到竖立起来的可能就知道了，40厘米水深那时瞬间变成无尽的水长，被浅水淹死的原因大抵如此。会游泳在流动的水里没有任何的作用，因为既站不起来，也抓不住地。除非前面有障碍物，否则，40厘米水深，变万米水长，城市雨水淹死的人都是在冲走的过程中淹死的。

发生了洪水如何自救

在山区，如果连降大雨，很容易暴发山洪，所以在暴雨时要避免渡河，也不要在底层疏松的山体下面久留，防止被山洪冲走，还要注意防止山体滑坡、滚石、泥石流的伤害。

1. 受到洪水威胁，如果时间充裕，应按照预定路线，有组织地向山坡、高地等处转移；在措手不及、已经受到洪水包围的情况下，要尽可能利用船只、木排、门板、木床等，做水上转移。

2. 洪水来得太快，已经来不及转移时，要立即爬上屋顶、楼房高屋、大树、高墙，做暂时避险，等待援救，尽量不要单身游水转移。

3. 在山区，如果连降大雨，容易暴发山洪。遇到这种情况，应该注意避免渡河，以防止被山洪冲走，还要注意防止山体滑坡、滚石、泥石流的伤害。

4. 发现高压线铁塔倾倒、电线低垂或断折；要远离避险，不可触摸或接近，防止触电。

行车遇暴雨注意事项

1. 打开汽车小灯，握好方向盘，小心驾驶，注意行人，低速行驶，慎用制动。因轮胎附着系数低，制动距离会更长，极易出事。

2. 遇特大暴雨时，千万不要冒险行驶，应选择较高的安全地带停车。

3. 不熟悉的路况，不了解积水深度，不要轻易地让汽车涉水。

4. 打雷时，要关好门窗，呆在车内。

5. 如不小心车子进水熄火后，千万不能再进行启动，否则发动机将"报销"。而应尽快联系保险公司，并通知4S店施救。也可请路人帮忙，将汽车从水中推出来，尽快进行修理。

6. 如需紧急出车，遇有暴雨必须行驶，则应采取必要的防护措施：先将空气滤清器拆下或将进气软管抬高，或将排气管用橡胶软管接高。使汽车的进、排气口尽量远离水面，减少发动机进水的可能性。

7. 行车时，应尽量躲避对方来车行驶时所拥起的水浪，必要时可停车让对方汽车先通过。

8. 当水淹没高度达到车轮半径时，应尽量避免让汽车涉水。采用挂低挡、少加油、慢而匀速行驶的方法通过。

车辆遇水时的自救与逃生

1. 车主要做到主动预防，应学会一些汽车在雨中的涉水驾驶技巧，这样可以增加人和车的安全系数。行驶过程中，要判断路面积水的深浅，主动绕开积水低洼路段，不要试图单独穿越被积水淹没的路段。在积水区行驶时，应用低速挡，尽可能不停车不换挡。

2. 车主驾车过程中，遇到路面积水，不宜继续前行，万一积水没过排气管，将有熄火等险情发生。遇到特大暴雨，待在车里躲雨，很不安全。车主一旦发现路面有积水的可能，应该马上打开车锁，随时准备下车，或者马上在路边停靠，到室内躲避。

3. 暴雨中行车可能遇到的危险主要有两种情况：一是地道桥，二是泥泞、低洼地段。当车在涉水过程中熄火，一定先保持冷静。如果车熄火后停在水中，水没有没过车窗时是基本不会有生命危险的。这时不要慌张，切忌重新启动发动机。

4. 如果车辆已经落水，应迅速辨明自己所处位置，并制定逃生方案，保持面部尽量靠近车顶以获得更多空气。第一时间解开安全带并打开电子中控锁，如果安全带无法解开，要利用尖锐物品割断安全带，利用就近侧门逃生。

5. 应迅速打开车窗，如果车辆已经断电，同时无法打开车门和车窗时，可尝试用安

> **温馨提醒** 驾驶员遇到路面或立交桥下积水过深时，应尽量绕行，避免强行通过。汽车在低洼处熄火时，千万不要在车上等候，要下车到高处等待救援。

全锤、座位头枕、车内灭火器或高跟鞋类似尖锐物品砸开车窗，挡风玻璃很厚，是很难敲碎的，侧窗及天窗的四角和边缘比较薄，应尽量敲击玻璃边缘，同时注意不要被玻璃划伤。

6. 成功砸开车窗后，做一个深呼吸，然后打开车门或车窗逃离。逃出车外后应保持面部朝上，如果不会游泳，可设法爬到车顶，或在离开车前尽量找一些可以漂浮的物体抱住，并且迅速游向水面寻求救援。

暴雨后要做好车辆维护工作

1. 沙砾易使刹车失灵，及时清理很重要

暴雨来袭，大的降水量很容易导致路段积水几十厘米甚至几米高，车辆行驶过程中，和人趟着过河其实没什么区别，这个时候整个刹车系统基本上都泡在水里，水里的沙砾、杂物等会趁机钻入其中，这也是为什么从积水中出来后会感觉刹车不太起作用的原因，所以暴雨过后，要及时将刹车盘片及其中的杂质清理干净。

2. 雾灯易进水，雨后检查很关键

大家都知道，在大雨和大雾天气中，雾灯可是个"神器"，不仅能提供照明还能告诉其他车辆你的位置在哪里，这样可以大大提高行车安全，从而减少交通事故的发生。暴雨过后，应检查雾灯是否能正常工作，并检查雾灯内是否有漏水的情况，如果发现问题则需要及时修理。另外车辆的前后大灯如果出现进水现象也必须及时清理。

3. 车内潮湿细菌多，干燥除湿很必要

在暴雨过程中，汽车无论是行驶还是停滞，车内空间都是相对封闭的，而车辆在开门闭门的过程中，人的进出、带入的雨伞等物品都很潮湿，车内环境也会由干燥变为潮湿。此时，车内的音响、电路等的寿命会直接受到影响，细菌和霉菌便有了时机找到自己的安身之处，这对人的健康是十分有害的。所以，趁着暴雨刚走，最好赶紧打开车门，让它好好地晒晒太阳，或者在里面放些干燥剂或除湿剂都不错。

暴雨过后的卫生防护

暴雨过后，受灾地区的防病工作必须坚持"预防为主"的方针，重点是预防肠道传染病、食物中毒的发生，做好水源和饮用水的消毒，特别是分散式饮用水消毒，同时要搞好环境卫生，消灭蚊蝇鼠害，把各种可能发生的疫情消灭在爆发、流行之前。

1. 雨水泡过的食物不要吃

食品很容易受到细菌、霉菌等污染，所以注意饮食卫生非常重要。不食用受污染的食品，如被雨水浸泡过的或受其他原因污染的食品；不吃霉变米面，不吃未洗净的瓜果；尽量不吃生冷食物；如果暂时不能保证新鲜烹调的食物供应，建议可食用合格的袋装食品。

2. 个人卫生很重要

要注意家庭和个人卫生，一定要勤洗手。接触了脏东西要洗手，饭前便后要洗手，吃零食前后也要洗手。外出回家后要洗手。洗手时，要用清洁的流动水清洗。擦手用的毛巾必须干净。特别是要关注和加强护理家中的老人和孩子。

3. 饮水要烧开

受灾地区的群众特别要注意饮水卫生安全，建议饮用开水或瓶装水，不要饮用生水或地表水，以防水源水被污染造成的疾病传播。发现饮用水出现异常时，要及时报告当地卫生部门。

4. 接触雨水及时清洗

暴雨期间，一些居民经常接触到雨水，建议过后要用清水充分清洗干净，以免引发各种皮肤炎症。

5. 生活有规律

受灾后，要合理安排每天的时间，避免过度劳累。要注意天气变化，随时增减衣服，积极预防感冒。

6. 清理周围卫生

注意经常及时地清理居室周边雨水、垃圾，减少蚊虫滋生，同时注意防蚊和灭蝇。

7. 卫生环境早干预

受灾严重的地区要特别做好厕所、垃圾、粪便管理等关键环节的卫生，提早采取必要的卫生干预措施，确保"大灾之后无大疫"。

水中救人的方法

1. 如需要下水时，应脱掉鞋、衣裤，无阻力地下水，并从背面或侧面接近落水者，以侧、仰泳的方法将溺水者带到安全处。

2. 在流动的河水里，应该朝下游一点的地方游，因为落水者本身也在往下漂。

3. 万一被落水者抱住，不要慌张，先将被救者手甩脱掉，再从后面救助，用左手伸过其左臂腋窝抓住其右手，或从后面抓住其头部，以仰泳姿势将其拖到安全处。

被救者要配合救助者

1. 在水中要镇静，双手划动，观察救助者扔过来的救生物品，迅速靠上去。

2. 当救助者游到自己身边时，不要乱打水、蹬水，应配合救助者，仰卧水面，由救助者将自己拖拽到安全地带。

3. 必要时才呼喊、招手，保存体力，等待援救是最重要的。

4. 被救助者千万不要死死抱住救助者，也不要在水中拼命挣扎，这样不利于救生。

温馨提醒

◇河道是城市中重要的排水通道，不要将垃圾、杂物丢入马路下水道，以防堵塞，积水成灾。

◇家住平房的居民应在雨季来临之前检查房屋，维修房顶。

◇暴雨期间尽量不要外出，必须外出时应尽可能绕过积水严重的地段。

◇在山区旅游时，若上游来水突然浑浊、水位上涨较快时，须特别注意。

襄樊遭遇50年一遇特大暴雨

2008年7月，受高空低槽及中低层切变线影响，湖北宜昌、长阳、兴山、沙洋、襄樊、恩施等地相继出现暴雨过程。22日暴雨带移至襄樊、恩施一带，白天这两个地区即出现了大暴雨，其中襄樊出现特大暴雨，12小时降水量达到260多毫米，刷新了50年来当地降水量的新纪录。

暴雨造成襄樊8个县（市）区受灾，受灾人口105.28万人，农作物受灾面积139.77万亩，房屋倒塌791间，渠道垮塌4万多米，堰塘损毁15座，村级公路受损138.2公里。初步统计造成各类直接经济损失6.65亿元。

雷雨大风

雷电是大气中的一种放电现象。雷雨云在形成过程中，一部分积聚起正电荷，另一部分积聚起负电荷，当这些电荷积聚到一定程度时，就会产生放电现象。

雷雨大风预警信号

雷雨大风预警信号分四级，分别以蓝色、黄色、橙色、红色表示。

蓝色	6 小时内可能受雷雨大风影响，平均风力可达到 6 级以上，或阵风 7 级以上并伴有雷电；或者已经受雷雨大风影响，平均风力已达到 6~7 级，或阵风 7~8 级并伴有雷电，且可能持续。
黄色	6 小时内可能受雷雨大风影响，平均风力可达 8 级以上，或阵风 9 级以上并伴有强雷电；或者已经受雷雨大风影响，平均风力达 8~9 级，或阵风 9~10 级并伴有强雷电，且可能持续。
橙色	2 小时内可能受雷雨大风影响，平均风力可达 10 级以上，或阵风 11 级以上，并伴有强雷电；或者已经受雷雨大风影响，平均风力为 10~11 级，或阵风 11~12 级并伴有强雷电，且可能持续。
红色	2 小时内可能受雷雨大风影响，平均风力可达 12 级以上并伴有强雷电；或者已经受雷雨大风影响，平均风力为 12 以上并伴有强雷电，且可能持续。

雷电会造成哪些危害

1. 雷电产生强大电流，瞬间通过物体时产生高温，引起燃烧、熔化；触及人畜时，会造成人畜死亡。

2. 雷击爆炸作用和静电作用能引起树林、电杆、房屋等物体被劈裂倒塌。

3. 打雷放电时产生数万度高温，空气急剧膨胀扩散，产生冲击波，具有一定的破坏力。

4.雷电流在周围空间形成强大的电磁场。电磁感应能使导体的开口处产生火花放电，如有易燃、易爆物品就会引起爆炸或燃烧。

5.各种电力线、电话线、广播线由于雷击产生高压，使电器设备损坏。

室内如何预防雷击

1.打雷时，首先要做的就是关好门窗，防止球形雷窜入室内造成危害。

2.不宜使用无防雷措施或防雷措施不足的电视、音响等电器。

3.切勿接触天线、水管、铁丝网、金属门窗、建筑物外墙，远离电线等带电设备或其他类似金属装置。

4.减少使用电话和手机，现在上网和用手机的人很多，如果遇到雷雨天气一定要注意。雷雨天时不要上网,不要使用调制解调器或ADSL设备,最好把电脑的电源插座拔掉,另外应确保计算机有良好的接地。 普通电话也应避免在雷击时使用。因为避雷针只能保护建筑物，但对沿架空电线、电话线侵入的雷电波却无能为力。

5.远离建筑物外露的水管、煤气管等金属物体及电力设备。

6.不宜使用淋浴器。因为水管与防雷接地相连，雷电流可通过水流传导而致人伤亡。

7.雷雨时，室内开灯应避免站立在灯头线下，尽量离开电源线、电话线、广播线，以防止这些线路和设备对人体的二次放电。另外，不要穿潮湿的衣服，不要靠近潮湿的墙壁。

室外如何避免雷击

1. 要远离各种天线、电线杆、高塔、烟囱、旗杆，如有条件应进入有宽大金属构架、有防雷设施的建筑物或金属壳的汽车和船只，但是帆布蓬车和拖拉机、摩托车等在雷电发生时是比较危险的，应尽快离开。

2. 应尽量离开山丘、海滨、河边、池旁；应尽快离开铁丝网、金属晒衣绳、孤独的树木和没有防雷装置的孤立的小建筑等。

3. 雷雨天气时不要停留在高楼平台上，在户外空旷处不宜进入孤立的棚屋、岗亭等。不宜在大树下躲避雷雨，如万不得已，则须与树干保持 3 米距离，下蹲并双腿靠拢。

4. 如果在户外遭遇雷雨，来不及离开高大物体时，应马上找些干燥的绝缘物放在地上，并将双脚合拢坐在上面，切勿将脚放在绝缘物以外的地面上，因为水能导电。

5. 当在户外看见闪电几秒钟内就听见雷声时，说明正处于近雷暴的危险环境，此时应停止行走，两脚并拢并立即下蹲，不要与人拉在一起，最好使用塑料雨具、雨衣等。

6. 在雷雨天气中，不宜在旷野中打伞，或高举羽毛球拍、高尔夫球棍、锄头等；不宜进行户外球类运动，雷暴天气进行高尔夫球、足球等运动是非常危险的；不宜在水面和水边停留；不宜在河边洗衣服、钓鱼、游泳、玩耍。

7. 在雷雨天气中，不宜快速开摩托、快骑自行车和在雨中狂奔，因为身体的跨步越大，电压就越大，也越容易伤人。

8. 如果在雷电交加时，头、颈、手处有蚂蚁爬走感，头发竖起，说明将发生雷击，这时应立刻躺倒在地，或选择低洼处蹲下，双脚并拢，双臂抱膝，头部下俯，尽量缩小暴露面，这样可以减少遭雷击的危险，并拿去身上佩戴的金属饰品和发卡、项链等。

抢救被雷击伤的人员

1. 如果人在户外，雷雨中，若感到头、颈、身体有麻木的感觉，这是即将遭受雷击的先兆，应立即躺下。人体在遭受雷击后，往往会出现"假死"状态，此时应采取紧急措施进行抢救。首先是进行口对口人工呼吸，雷击后进行人工呼吸的时间越早，对伤者的身体恢复越好，因为人脑缺氧时间超过十几分钟就会有致命危险。

2. 其次应对伤者进行心脏挤压，并迅速通知医院进行抢救处理。

3. 如果伤者遭受雷击后引起衣服着火，此时应马上让伤者躺下，以使火焰不致烧伤面部，并往伤者身上泼水，或者用厚外衣、毯子等把伤者裹住，以扑灭火焰。

◇雷雨天气尽量不要在旷野里行走。

◇如果有急事需要赶路时，要穿塑料等不易进水的雨衣，要走得慢些，步子小点。

◇不要骑在牲畜上或自行车上行走。

◇不要用金属杆的雨伞，不要把带有金属杆的工具如铁锹、锄头扛在肩上。

雷电室外袭人

1996年7月10日，湖北省随州市黄坑体育场内正在踢足球的12名青年集体遭到雷电袭击，当场死亡2人，6名重伤者全身乌紫，昏迷不醒，被送往医院抢救，意识障碍达10多个小时。

雷电室内袭人

2010年6月某日，凌云县泗城镇平林村尾凤屯上空雷电交加，大雨倾盆。由于当天是周末，该屯一名高中生呆在家里，在房间书桌前一边看书，一边在给手机充电听MP3。

这名高中生的父亲介绍说，零时20分左右，伴随一阵电闪雷鸣，突然从房间内传出一声惨叫。他马上跑进房间，只见儿子躺在离书桌两米远的墙脚，头发竖立，鼻孔出血，手机摔成几块，充电器等撒落一地。他马上抱起儿子，不幸的是，5分钟后，儿子还是离他而去。

专业人士通过现场调查、分析，发现这起事故是由于雷电流通过电源线路引起的。

女孩撑伞上桥被雷击中生还

2010年9月15日下午，仙游县出现强雷雨天气，闪电雷击达上百次。18岁的女孩邱某撑着一把雨伞从龙华爱和村走到公路口，准备乘车去上班，想不到走到一座桥上时，遭到雷电袭击。

邱某说，当时她看到一道闪电划过她身上，听到一声震耳的雷声，她发现自己衣裤被雷电击破，下半身全部发麻，呼吸困难，随后自己倒在路中，人也晕倒过去。约1分钟后她恢复神志，就赶紧打120电话求助，急救中心将其送往医院，才脱离危险。

高温

高温，是指日最高气温达到 35℃ 以上。高温天气会给人体健康、交通、用水、用电等方面带来严重影响。

高温的预警信号

高温预警信号分三级，分别以黄色、橙色、红色表示。

黄 YELLOW	黄色	连续三天日最高气温将在 35℃ 以上。
橙 ORANGE	橙色	天气炎热。一般指 24 小时内最高气温将要升至 37℃ 以上。
红 RED	红色	天气酷热。一般指 24 小时内最高气温将要升到 40℃ 以上。

中暑的表现

◇ 皮肤潮红、干燥、无汗。

◇ 体温升高、可达 40℃ 以上。

◇ 脉搏加快。

◇ 神志不清甚至休克。

引起中暑的原因

1. 一般来讲，重体力劳动者、年老体弱者、慢性病患者、孕妇等容易发生中暑。"办公室一族"虽然是在空调房里办公，可是中暑的几率也很大，工作强度过大、时间过长、睡眠不足、过度疲劳等，都是中暑的诱因。

2. 从很热的环境进入室温调得很低的空调房时，极易发生中暑。

3. 长时间坐车或坐飞机，没有及时补充水分，通风降温条件又不好时，容易导致中暑。

4. 进行运动健身锻炼等大量出汗的活动，没有很好地补充水分，且从有空调的房间出去时，也易中暑。

中暑时的应急处理

1. 当因热而感到头疼、乏力、口渴等时，应自行离开高温环境到阴凉通风的地方适当休息。

2. 对中暑症状较重者，应立即将其移到阴凉通风处，使其仰卧，解开衣领，脱去或松开外套。若衣服被汗水湿透，应更换干衣服，同时开电扇或开空调（应避免直接吹风），以尽快散热；对严重中暑者（体温较高者）还可用冷水冲淋或在头、颈、腋下、大腿放置冰袋等方法迅速降温。

3. 意识清醒的人或经过降温清醒的病人可饮服绿豆汤、淡盐水，或服用人丹、十滴水和藿香正气水（胶囊）等解暑。

4. 用湿毛巾冷敷头部、腋下以及腹股沟等处，有条件的话用温水擦拭全身，同时进行皮肤、肌肉按摩，加速血液循环，促进散热。

5. 一旦出现高烧、昏迷抽搐等症状，应让病人侧卧，头向后仰，保持呼吸道通畅，同时立即拨打 120 电话，求助医务人员给予紧急救治。

中暑急救的错误做法

× 不宜自行服食退烧药（如普拿疼、阿司匹林等），因为中暑时身体处于消耗过度的状态，此时如果用退烧药来降温，身体对药物的代谢会加重身体的负担，药物的副作用更大。

× 不宜在体表擦拭酒精，这样可能会过度刺激皮肤，使用过量也可能导致酒精中毒。

× 不宜涂抹感觉清凉的外用成药（如万金油或白花油），因为油性物质更不利于散热。

预防中暑

1. 要尽量避免在 11~15 时这段高温时间出门，不要长时间在阳光下曝晒或高温、高湿度、气流静止的环境下活动或工作。

2. 空调室内外温差不宜太大。使用空调室内外温差不超过 5℃为宜，即使天气再热，空调室内温度也不宜在 24℃以下，且空调不要对着自己吹。

3. 外出时要注意使用太阳伞、太阳帽、太阳镜等物品，在皮肤上涂些防晒护肤品，免受阳光的直接照射。

4. 外出受热归来，忌"快速冷却"。不要立即去吹空调、吹电扇、洗冷水澡。因为这样会使全身毛孔快速闭合，体内热量难以散发，还会因脑部血管迅速收缩而引起大脑供血不足，使人头晕目眩。

5. 要多饮水，出汗多的人可饮淡盐水。喝盐水时，要少量多次地喝，才能起到预防中暑的作用。

6.多吃梨、西瓜等水果；可饮一些消暑清热化湿的凉茶，或饮冬瓜、莲蓬、薏苡仁汤水等。此外，绿豆汤、菊花茶、酸梅汤等也是方便理想的消暑饮料。

7.外出旅游或出差时若感不适，可用一些如仁丹、清凉油、风油精、十滴水、薄荷锭等降温药品。

8.充分休息，不要开夜车以免降低身体抵抗力。

◇夏天要常备仁丹、藿香正气液、清凉油等防暑药品。

◇大汗淋漓时，切忌饮冰水、冰冻饮料以及用冷水冲澡。

◇空调温度不宜过低，避免长时间处在空调环境中，要适当开窗通风或到户外活动。

◇老人、心血管疾病等患者要减少户外活动，一旦感到身体不适或有发病迹象，应立即到医院就诊。

公交车上老人中暑

2009年7月19日下午，重庆一辆124路公交车正从花园新村开往较场口。当行驶到读书梁车站时，有人大喊"师傅，不好了！有人晕倒了！"一位乘客发现旁边的婆婆不省人事地倒在椅子旁，手中的扇子滑落在地。乘客们一边喊停车，一边给老人打扇喂水。司机李自鹏赶紧将车子停在附近的树荫下，找出车上备用的防暑药品准备实施急救。看着焦急而不知所措的围观乘客，李自鹏大声对乘客们说："大家让一下，不要围着，让老人呼吸一下新鲜空气。"他右手扶着老人，一边掐人中，一边喊她，但老人紧紧咬住嘴唇，始终不见回应。六名乘客也和司机一起救护晕倒的婆婆。

正开车经过读书梁车站的市一汽巴士118路队书记高微，迅速地到最近的便利店买了两瓶冰冻矿泉水，拿起车上的毛巾用冰水浸湿，给老人敷头，叫乘客帮忙喂藿香正气水。

中暑晕倒的婆婆面色苍白，仍旧没有清醒，高微与司机给车上的乘客作解释，并安排他们坐下一趟车，决定将老人送往较近的单位医院。

10多分钟后，这辆公交变身的救护车到达渝中区大溪沟一汽巴士卫生院。司机李自鹏把车停在路边，背起婆婆一路小跑进了急救室。经过医生10多分钟的救治，婆婆终于苏醒过来。

寒潮

冬季是一年四季中最为寒冷的季节，当强冷空气侵袭时，还常常伴有大风、雨雪、冰冻等恶劣天气。这种低气温环境，可以大大削弱人体防御功能和抵抗力，从而诱发各种疾病，甚至发生生命危险。

寒潮预警信号

寒潮预警信号分四级，分别以蓝色、黄色、橙色、红色表示。

	蓝色	48小时内最低气温将要下降8℃以上，最低气温小于等于4℃，陆地平均风力可达5级以上；或者已经下降8℃以上，最低气温小于等于4℃，平均风力达5级以上，并可能持续。
	黄色	24小时内最低气温将要下降10℃以上，最低气温小于等于4℃，陆地平均风力可达6级以上；或者已经下降10℃以上，最低气温小于等于4℃，平均风力达6级以上，并可能持续。
	橙色	24小时内最低气温将要下降12℃以上，最低气温小于等于0℃，陆地平均风力可达6级以上；或者已经下降12℃以上，最低气温小于等于0℃，平均风力达6级以上，并可能持续。
	红色	24小时内最低气温将要下降16℃以上，最低气温小于等于0℃，陆地平均风力可达6级以上；或者已经下降16℃以上，最低气温小于等于0℃，平均风力达6级以上，并可能持续。

寒潮的应急要点

◇注意添衣保暖，尤其是老弱病人，要尽量避免出门。

◇加固门窗、围板、棚架、临时搭建物等易被大风吹动的物件，妥善安置易受寒潮大风影响的室外物品。

寒潮天气常见健康问题及应急策略

1. 呼吸疾病

天气变冷后，最先经受考验的要数呼吸系统。有些人每年都要经历几次慢性支气管炎、支气管哮喘。比较常见的冬季传染病包括流感、风疹、麻疹，还有比较少见但更致命的流行性脑脊膜炎、腮腺炎、出血热等，都与干冷空气对呼吸道的刺激有关。气候的变化是对机体免疫力的第一次考验，若平时不注意锻炼，再加上封闭的室内空气不经常与外面流通，那么疾病很可能会频频光顾。

应急策略：不要因为怕冷就一下子穿上很厚的衣服，也不要整天缩在空调房里享受空调制造的温暖。最好的方法就是让自己动起来，因为运动不仅能促进身体的血液循环，增强心肺功能，对我们的呼吸系统也是一个很有益的锻炼。爱上运动的你很快就会发现，自己不用再穿太多衣服也能出门了。当然，进入流感高发的季节，注射流感疫苗也是对健康必要的保护。

2. 皮肤干燥

皮肤是一个很敏感的器官，在冬季来临的日子里，皮肤的血管经常处于收缩状态，汗腺、皮脂腺的分泌明显减少，还有人会出现皮肤瘙痒、红肿，严重的还会出现不规则的皲裂和脱皮，这样的现象以下肢部位最明显。这与人们洗澡的方式有关。有人唯恐洗不干净，习惯像夏天那样用浴皂和热水反复搓洗，皮肤表面的油脂被反复冲刷，皮肤干燥的状况也就越来越严重。还有一些皮肤病本身就在秋冬季节多发，比如银屑病（牛皮癣）、遗传过敏性皮炎和鱼鳞病等，病情也会因皮肤干燥而发作或加剧。

应急策略：冬季里，爱清洁的你更要讲究洗澡的章法和频率，洗澡次数不要太频，一天一次就够了，而且最好不要用香皂洗澡（因为香皂一般呈碱性，容易让皮肤表层的pH值失衡），水温也不要太高，尽量用含有滋润成分的浴液，洗过澡后应涂抹含有保湿成分的润肤膏，例如凡士林。

3. 手脚冰凉

到了冬天手脚冰冷的女性大有人在，即使在室内也必须得穿戴整齐，否则，就要冷得牙齿打架。这是因为神经末梢距心脏比较远，天冷后血管收缩造成血液供给不足导致的。再加上没有规律运动的习惯，缩手缩脚是再自然不过的秋冬反应。如果说怕冷还算是身体的正常反应的话，那么如果你冷到手指或脚指头，甚至感到麻木或刺痛，那么，就该寻求医生的帮助了。

应急策略：平时不要吸烟，避免摄入过多含咖啡因的食物，如：咖啡、浓茶、可乐等等，多吃性温热的活血食物，多穿保暖的衣服，多做伸缩手指、手臂绕圈、扭动脚趾等暖身运动，避免长时间固定不动的姿势和精神集中，尤其是持续使用电脑达7小时以上。当然，如果能让自己在秋风瑟瑟的季节动起来，更是一种最自然且效果立竿见影的好办法。

4. 关节疼痛

有关节炎的膝盖就跟气象台一样，天气一变冷，膝盖先知道。一般来说，当日温度变化在 3℃ 以上，气压变化大，相对湿度变化大于 10% 以上，感到关节痛的人就会明显多起来。关节附近多是肌腱、韧带等血管分布较少的组织，本来血液供给就相对不足，再加上四肢经常地暴露在外，所以更容易散失热量，使关节僵硬而疼痛不止。

　　应急策略：平时除了注意肢体保暖外，更可利用护膝、护肘等用品。有规律地进行运动，可以强化腿部的肌肉，促进血液循环。在温水泳池中做水中运动，游泳是比较不错的选择。也可依据天气预报，在天气变化前采取保暖、祛湿措施。

温馨提醒

　　◇按时饮食，尽量少喝含有酒精和咖啡因的饮料。

　　◇极冷的金属可快速吸收皮肤的热量，引起冻伤。湿手直接接触冷金属时，皮肤可与金属冻结在一起，强力挣脱可致皮肉撕裂。

　　◇严寒环境中的汽油、柴油、酒精等为超冷物品，人体直接接触时可立即引起冻伤。在严寒环境中处理油料应极其小心，裸露的皮肤不能与油料或油料分发系统的金属咀、闸门直接接触。

　　◇留意政府、媒体发布的有关降温的最新信息，以便采取进一步措施。

案例

2008 年 1 月梧州市出现 15 年来最寒冷天气过程

　　受到强冷空气影响，2008 年 1 月 12 日以来，梧州市连续半个月出现了强降温的阴雨天气，北部地区平均气温为 1℃ ~2℃，南部地区平均气温为 3℃ ~5℃。该市紧急启动防灾救灾应急预案，各级党委、政府深入到每一村、每一屯，保证防寒物资供应、物价平稳，保障城镇居民生活用电和工业用电，确保人民群众生命财产安全和社会秩序稳定，力争把灾害损失降到最低。

大雾

当大量微小水滴悬浮在近地面空气中，能见度小于 500 米时，就是大雾天气。

大雾预警信号

大雾预警信号分三级，分别以黄色、橙色、红色表示。

大雾 黄 HEAVY FOG　黄色	12 小时内可能出现能见度小于 500 米的雾，或者已经出现能见度小于 500 米、大于等于 200 米的雾且可能持续。
大雾 橙 HEAVY FOG　橙色	6 小时内可能出现能见度小于 200 米的浓雾，或者已经出现能见度小于 200 米、大于等于 50 米的浓雾且可能持续。
大雾 红 HEAVY FOG　红色	2 小时内可能出现能见度低于 50 米的强浓雾，或者已经出现能见度低于 50 米的强浓雾且可能持续。

大雾天气应急要点

1. 大雾里面含有各种酸、碱、盐、酚、尘埃、病原微生物等有害物质，出门时戴口罩能避免冷空气直接吸入，防止大颗粒灰尘进入身体。

2. 机动车驾驶员应打开防雾灯，密切关注路况。行驶中要减速慢行，控制好车速、车距。

3. 在高速公路上行驶的车辆，遇大雾天气、能见度过低时，应立即减速慢行，并将车驶向最近的停车场或服务区停放。

大雾天气行车的注意事项

1. 出门前，应当将挡风玻璃、车头灯和尾灯擦拭干净，检查车辆灯光、制动等安全设施是否齐全有效。另外，在车内一定要携带三角警示牌或其他警示标志，遇到突发故障停车检修时，要在车前后 50 米处摆放警示牌，提醒其他车辆注意。

2. 雾中行车时，一定要严格遵守交通规则限速行驶，千万不可开快车。雾越大，可视距离越短，车速就必须越低。

3. 雾天行驶，一定要使用防雾灯，要遵守灯光使用规定：打开前后防雾灯、尾灯、示宽灯和近光灯，利用灯光来提高能见度，看清前方车辆及行人与路况，也让别人容易看到自己。需要特别注意的是，雾天行车不要使用远光灯，这是由于远光光轴偏上，射出的光线会被雾气反射，在车前形成白茫茫一片，开车的人反而什么都看不见了。

4. 如果雾太大，可以将车靠边停放，同时打开近光灯和应急灯。停车后，从右侧下车，离公路尽量远一些，千万不要坐在车里，以免被过路车撞到，等雾散去或者视线稍好再上路。

5. 在大雾天视线不好的情况下，勤按喇叭可以起到警告行人和其他车辆的作用，当听到其他车的喇叭声时，应当立刻鸣笛回应，提示自己的行车位置。两车交会时应按喇叭提醒对面车辆注意，同时关闭防雾灯，以免给对方造成炫目感。如果对方车速较快，应主动减速让行。

6. 在雾中行车应该尽量低速行驶，尤其是要与前车保持足够的安全车距，不要跟得太紧。要尽量靠路中间行驶，不要沿着路边行驶，以防与路边临时停车等待雾散的人相撞。

7. 如果发现前方车辆停靠在右边，不可盲目绕行，要考虑到此车是否在等让对面来车。超越路边停放的车辆时，要在确认其没有起步的意图而对面又无来车后，适时鸣喇叭，从左侧低速绕过。另外，也请注意小心盯住路中的分道线，不能轧线行驶，否则会有与对向的车相撞的危险。在弯道和坡路行驶时，应提前减速，要避免中途变速、停车或熄火。

8. 在雾中行车时，一般不要猛踩或者快松油门，更不能紧急制动和急打方向盘。如果认为确需降低车速时，先缓缓放松油门，然后连续几次轻踩刹车，达到控制车速的目的，防止追尾事故的发生。

> 温馨提醒
> ◇有呼吸道疾病或心肺疾病的人，大雾天不要外出。
> ◇大雾天空气湿度大，电力设备的绝缘表面会发生击穿现象，可能会造成大面积停电。因此，家中应准备一些照明用具。
> ◇不要在雾中进行体育锻炼，如跑步等。早晨一般是雾最浓的时候，此时锻炼将吸入大量有害物质，造成咽喉、气管和眼结膜病症。

案例

大雾引发交通事故致 7 人死亡

2010 年 10 月 8 日上午 6 时 30 分起，受大雾影响，芜湖至宣城高速清水河大桥路段 200 米范围内，相继发生 6 起车辆相撞追尾事故。事故造成该路段单方向堵车，被堵车辆排起长龙，共造成 7 人死亡，4 人受伤。

低温冰冻

低温冰冻灾害主要是由于降雪（或雨夹雪、霰、冰粒、冻雨等）或降雨后遇低温形成积雪、道路结冰，引发各类灾害事故。特别是人体在低温环境中，如果缺乏必要的防寒措施，或停留时间过长，引起体温调节的障碍，就可能冻伤肢体。

道路结冰预警信号

道路结冰预警信号分三级，分别以黄色、橙色、红色表示。

	黄色	12小时内可能出现对交通有影响的道路结冰。
	橙色	6小时内可能出现对交通有较大影响的道路结冰。
	红色	2小时内可能出现或者已经出现对交通有很大影响的道路结冰。

冰冻天的准备

◇买足够的蜡烛、电池、食物和储藏尽可能多的纯净水。

◇做好御寒的准备，准备好棉衣、棉被，还有燃料。

◇在恶劣天气和不了解外面路况的情况下要避免外出。

◇准备好收音机和电池，可以通过广播随时了解最新灾害的情况。

冻伤的紧急处理

1.迅速离开低温现场和冰冻物体，将患者移至室内。

2.如果衣服与人体冻结在一起，应用温水融化后再轻轻脱去衣服。

3.保持冻伤部位清洁，外涂冻伤膏。切记冻伤部位不要用热水泡或用火烤，否则会加重冻伤。

4. 要注意加盖衣物、毛毯，以保温。

5. 给予冻伤者热饮料饮用，并尽快去医院治疗。

如何预防冻伤

1. 出行要注意携带足够防寒衣物，戴上帽子、围巾、手套等保暖物品，并注意携带伞具。

2. 尽量保持衣物干燥，避免弄湿衣服，休息睡觉时，应注意保暖。

3. 尽量多吃些高热量的食物，可以起到御寒的作用；多喝热饮，有助保持体温。

4. 为防止冻伤，要经常观察皮肤，尤其是耳面部和手部等裸露部位，查看有无出现苍白、僵硬或失去知觉；并不时揉搓面部皮肤，伸展筋骨，活动手足。

5. 尽量停留在背风向阳的位置；不要穿过于紧身的衣裤，以免妨碍血液循环。

6. 裸手不要接触金属物体，寒冷季节这种物体表面温度很低，热传导很快，手接触容易冻伤。

7. 加强膝关节、肘关节、腕关节和踝关节等部位的保暖防护。

8. 老年人耐寒能力差，应特别注意腿脚保暖，避免久坐，经常站立活动、跺脚、搓手等促进血液循环。

冰冻出行注意安全事项

1. 防滑：宁可踩在厚厚的积雪上也要避开浮冰和积水，不要因为湿滑就蹭着走反倒容易滑倒，跟滑冰是一个道理，尽量抬起脚，实在的踩下去，这样就减少了鞋底和地面的向前摩擦力，会大大降低摔倒的可能性。

2. 防摔：建议平常骑电动车和自行车的人们，要选择步行或者公共交通出行。

3. 防砸：另外由于部分地区降雪较大，树木存在被压倒的危险，行人应该尽量远离树木等高处建筑谨防因坍塌被砸伤。

4. 防撞：路面湿滑开车出行的千万要小心驾驶，一方面要保持车距及时踩刹车，一方面要特别注意道路上的行人做好躲闪的准备，开车的朋友除了注意以上几点还要在遇到上坡路段时应保持车速换低档，如遇熄火应及时拉手刹。

5. 防磕：由于雪的覆盖，道路上许多"陷阱"会被遮住，因此，应千万小心，注意低洼、井盖、建筑材料上的钉子等。

冰冻天的安全和健康

1. 预防呼吸系统疾病，注意开窗通风，保持室内空气流通。儿童、老年人、体弱者和慢性病患者应尽量避免到人多拥挤的公共场所，如必须外出，应避免长时间置身户外。

2. 要预防一氧化碳中毒，门窗紧闭、空气不流通易造成一氧化碳蓄积引发中毒事件。一旦出现煤气泄漏事件，应立即关闭气源，开窗通气，对中毒患者采取临时性救护措施，在通风场所开展人工呼吸，并迅速拨打求助电话。

冰冻天驾车注意事项

冰冻天路面湿滑，驾驶车辆时需谨慎，打方向或踩刹车时不能用力过猛，否则会增大车辆打滑的概率，后果不堪设想。同时，应注意控制车速，保持车距，通过路口时减速慢行，使用制动时，可采取点制动减慢速度，尽量避免紧急制动。

1. 二档起步

车被冰包围，驱动轮已经打滑。缓缓踩下油门，先尝试左右扭动方向盘，以增加轮胎的附着力；如果是手动变速箱，可以使用二档甚至三档起步，以减小扭矩输出，削减轮胎的滑动趋势；如果车后有空间，还可以尝试先倒车再前进，配合方向的转动，寻找较大附着力的地面。开车前应原地怠速热车 2～3 分钟。尽管有些车主认为自己的爱车性能好，无须热车，但当气温在 0℃ 及以下时，为了减少爱车的磨损，建议你还是用两三分钟热车一下为好。

2. 开灯"照亮"自己

自己的车灯当然不能"照亮"自己。但是，在低能见度的环境下、低附着力的道路上，打开车灯可以让前面的车注意到自己的车——让前车在匆忙的并线、制动前，考虑后车的制动和躲避能力。在低附着力的道路上，减少制动和变线，可以降低事故发生的几率。

3. 收油门须"温柔"

冰冻天行车，都知道踩油门要渐进，其实收油门更要"温柔"。收油门减速，车辆的重心会后移。对于前驱车，是驱动轮上的压力降低，表现为方向变"灵活"；对于后驱车，虽然驱动轮压力提升，但前轮变得很"贼"。如果驾驶者稍稍转向、车辙方向与车辆重心方向不重合、两侧车轮有花纹差异或气压差异，都可能导致车辆滑移甚至失控。踩刹车也是同样的道理。

4. 选路不"偏心"

冰冻天，即使是同一条道路，也可能有多种状态——有的路已经干了，有的还有积冰。在这样的路上行车，两侧车轮尽量选择同样的路面上，以保证两侧附着力相同，驱动、制动时减少侧滑的几率。

5. 喇叭不怕"勤"

冬天气温低，行人、骑自行车者都有帽子护耳，发动机声音容易被屏蔽。在机非混行的道路上开车，看见行人、骑自行车者，提前鸣笛，不怕烦。

6. 哪滑向哪"转"

如果车辆已经失控，发生旋转，请收油，千万不要踩刹车；正握方向盘，车尾向哪里转，就向哪里转动方向盘——如果车尾向左甩，就逆时针转动方向盘；车尾向右甩，就顺时针转动方向盘。转动要温柔，转角也无需过大。

7. 预防车门被冻结

雨雪天爱车进入车库过夜前，应用干毛巾将车门框密封胶条上的水及湿气擦拭干净。在露天停车过夜，应用车衣覆盖车身，并用报纸夹在车门框与雨刮器下，以减轻车门被冻结及前档风玻璃积雪难擦拭的状况。另外，尽量不要将车子停放在已经结冰或可能结冰的地面上。次日，若发现车门被冻住，不可劲硬拉车门，应当用温水从车门框缝隙浇注化冰。不要一上车就开启天窗，应等车内温度升高后再试。

温馨提醒

◇机动车驾驶员应给轮胎少量放气，增加轮胎与路面的摩擦力，必要时要安装防滑链。

◇行人外出要注意防滑，尽量不骑自行车。

◇驾驶员必须采取防滑措施，听从指挥，慢速行驶。

◇能见度在 50 米以内时，汽车行驶速度应低于每小时 30 千米，并保持车距。

2008 年冰雪灾害

2008 年 1 月 12 日至 2 月 8 日，我国南方经历了历史上罕见的持续低温雨雪冰冻天气过程，相信大家还记忆犹新：京珠高速公路韶关段封闭，冰雪灾情严重；贵阳凝冻再现冰瀑奇观；部分旅客乘坐大巴因雪灾分别在湖南、韶关乐昌被堵了十天十夜。

龙卷风

　　龙卷风是一种带有垂直轴的猛烈旋风。有龙卷风时，往往有一个或几个如同"象鼻子"一样的漏斗状云柱，或悬挂空中，或伸到地面，引起强烈大风。

龙卷风的特点

　　◇龙卷风常在夏季的雷雨天气时发生，尤以下午至傍晚最为多见。

　　◇龙卷风的袭击范围小，其直径一般在十几米到数百米之间。

　　◇龙卷风的持续时间往往只有几分钟到几个分钟，最多不超过一小时。

　　◇龙卷风出现的随机性大，仅仅靠常规的气象监测手段很难预报。

　　◇龙卷风的风力特别大、破坏力极强。在龙卷风中心附近的风速达 100~200 米/秒。龙卷风经过的地方，常会发生拔起大树、掀翻车辆、摧毁建筑物等现象，有时甚至会把人吸走。

怎样减少龙卷风的侵害

　　1. 在龙卷风多发地域，必须建有坚固的地下或半地下掩蔽安全区。

　　2. 停止一切地面活动。避开活动房屋和活动物体，远离树木、线杆。

　　3. 保护头部最重要。在室内，人应该保护好头部，面向墙壁蹲下。龙卷风已经到达眼前时，应寻找低洼地形趴下，闭上口、眼，用双手、双臂保护头部，防止被飞来物砸伤。

　　4. 了解、掌握在各种条件下的避险知识，做好防护准备工作。

躲避龙卷风的最佳处在哪里

　　1. 地下室、防空洞、涵洞以及既不会被风卷走又不遭水淹，也不会被东西堵住的高楼最底层是躲避龙卷风的最佳处。

　　2. 当处在建筑物的底层、底层走廊、地下部位时是安全的。

　　3. 在田野空旷处遇到龙卷风时，可选择沟渠、河床等低洼处卧倒。

在公共场所如何躲避龙卷风的突袭

　　1. 听从应急机构的统一指挥，有序进入安全场所。

　　2. 如果在学校、医院、工厂或购物中心，要到最接近地面的室内房间或大堂躲避。远离周围环境中有玻璃或有宽屋顶的地方。

在家中如何躲避龙卷风

1. 迅速撤退到地下室或地窖中，或到房间内最接近地面的那一层屋内，并面向墙壁抱头蹲下。

2. 迅速到东北方向的房间躲避，远离门窗和房屋外围墙壁等可能塌陷的移动物体。

3. 尽可能用厚外衣或毛毯将自己裹起，用以躲避可能四散飞来的碎片。

4. 跨度小的房间要比大房间安全。

5. 贵重物品要向楼下转移，也可放在洗衣机、洗碗机等电器里。

在户外如何躲避龙卷风

1. 就近寻找低洼处伏于地面，最好用手抓紧小而不易移动的物体，如小树、灌木或深埋地下的木桩。

2. 远离户外广告牌、大地、线杆、围墙、活动房屋等可能倒塌的物体，避免被砸、压。

3. 用手或衣物护好头部，以防被空中坠物击中。

4. 在屋外若能够看到龙卷风即将到来时，应避开它的路线，与其路线成直角方向转移，避于地面沟渠中或凹陷处。

驾车时如何躲避龙卷风

1. 在驾车时遇到龙卷风时，要当机立断，立即弃车奔到公路旁的低洼处，不要试图开车躲避。

2. 不要躲在车里，也不要躲在车旁。因为汽车内外强烈的气压很容易使汽车爆炸。

绥化遭龙卷风突袭

2010年5月15日傍晚，黑龙江省绥化市部分地区发生了罕见的龙卷风天气，这种百年不遇的天气"扫荡"了绥化市所辖5个区、县、市28个乡镇的32个村，造成1015间房屋倒塌，4385间房屋受损，8502人受灾，7人死亡，98人受伤。

龙卷风的破坏力

1879年5月30日下午4时，在美国堪萨斯州北方的上空有两块又黑又浓的乌云合并在一起。15分钟后在云层下端产生了漩涡。漩涡迅速增长，变成一根顶天立地的巨大风柱，在3个小时内像一条蟒龙似的在整个州内胡作非为，所到之处无一幸免。

沙尘暴

所谓沙尘暴天气是指本地或附近尘沙被风吹起，使空气浑浊大气能见度显著降低的一种天气现象。根据其强度由高到低可依次分为沙尘暴、扬沙和浮尘三个等级。

沙尘暴天气成因

有利于产生大风或强风的天气形势，有利的沙、尘源分布和有利的空气不稳定条件是沙尘暴或强沙尘暴形成的主要原因。强风是沙尘暴产生的动力，沙、尘源是沙尘暴物质基础，不稳定的热力条件是利于风力加大、强对流发展，从而夹带更多的沙尘，并卷扬得更高。

除此之外，前期干旱少雨、天气变暖、气温回升，是沙尘暴形成的特殊的天气气候背景；地面冷锋前对流单体发展成云团或飑线是有利于沙尘暴发展并加强的中小尺度系统；有利于风速加大的地形条件即狭管作用，是沙尘暴形成的有利条件之一。

沙尘暴的危害

沙尘暴会造成空气质量恶化，影响人体健康，对人的皮肤、耳鼻和肺都有一定的损害，已成为人类健康的新杀手。

当沙尘暴天气袭来时，老人和小孩应当是重点保护人群，因为老人和小孩的抵抗力本身就比常人弱，加之有些老人已经患有慢性气管炎，如果在风沙天里不注意保护的话，将会旧病复发，或者引发其他疾病。

由异常天气直接引起的疾病种类较多，特别是对眼、鼻、喉、皮肤等直接接触部位的损害较为明显。其中，眼、鼻、喉、皮肤等直接接触部位的损害主要表现为刺激症状和过敏反应，而肺部受损则较为严重和广泛。特别是首次或突然大量接触高密度沙尘时，可表现为突发气促、胸痛、胸闷、头疼、头晕等，原有哮喘、慢性肺病、心脏病等患者会更明显。所以，有呼吸道疾病及抵抗力较弱的人士在风沙天里最好不要外出。

沙尘暴的避险常识

1.沙尘暴即将或已经发生时，应尽量减少外出，未成年人不宜外出，如果因特殊情况需要外出的，应由成年人陪同。

2.接到沙尘暴预警后，学校、幼儿园要推迟上学或者放学，直到沙尘暴结束。如果沙尘暴持续时间长，学生应由家长亲自接送或老师护送回家。

3.发生沙尘暴时，不宜在室外进行体育运动和休闲活动，应立即停止一切露天集体活动，并将人员疏散到安全的地方躲避。

4.沙尘暴天气发生时，行人骑车要谨慎，应减速慢行。若能见度差、视线不好，应靠路边推行。行人过马路要注意安全，不要贸然横穿马路。

5.沙尘暴如果伴有大风，行人要远离高层建筑、工地、广告牌、老树、枯树等，以免被高空坠落物砸伤。

6.发生沙尘暴时，行人要在牢固、没有下落物的背风处躲避。行人在途中突然遭遇强沙尘暴，应寻找安全地点就近躲避。

7.发生风沙天气时，不要将机动车辆停靠在高楼、大树下方，以免玻璃、树枝等坠落物损坏车辆，或防止车辆被倒伏的大树砸坏。

8.风沙天气结束后，要及时清理机动车表面沉积的尘沙，保护好车体漆面。同时，注意清除发动机舱盖内沉积的细小颗粒，防止发动机零件损伤。

沙尘暴天气外出注意事项

戴口罩： 主要功能是为了防止外界有害气体吸入呼吸道。戴口罩可以有效地防止口鼻干燥、喉痒、痰多、干咳等。

戴帽子、丝巾或头罩： 可以防止头发和身体的外露部位落上尘沙，解决皮肤瘙痒给人们带来的不快。

戴风镜： 可减少风沙入眼的概率，风沙吹入眼内会造成角膜擦伤、结膜充血、眼干、流泪。一旦尘沙吹入眼内，不能用脏手揉搓，应尽快用流动的清水冲洗或滴几滴眼药水，不但能保持眼睛湿润易于尘沙流出，还可起到抗感染的作用。

不要佩戴隐形眼镜： 沙尘天气里近视者尽量应选择佩戴普通的框架式眼镜，这样一方面眼镜起到了保护作用，阻挡沙尘进入眼中，另一方面，一旦有沙尘微粒进入眼部，泪腺分泌的泪水也可以及时将微粒冲洗掉。而隐形眼镜在佩戴时相对固定于眼球表面，当粉尘不慎进入眼睛，很容易附着在隐形眼镜上，从而导致病菌滋生，如果经常戴隐形眼镜又不注意眼部卫生，极易使炎症加重。

沙尘暴天气要注意生活细节

1.多喝水多吃水果：尘沙干燥天气易出现唇裂、咽喉干痒、鼻子冒烟等情况，也就是老百姓所说的上火，机体缺水还可出现排便困难，引起痔疮、肛裂、便血。多饮粥类、汤类、茶水、果汁，增加机体水分含量，补充丢失的水分，加快体内各种代谢废物的排出。

2.保持室内湿度：在风沙天气里，空气十分干燥，相对湿度偏小，人们咽干口燥，容易上火，导致容易引发或者加重呼吸系统疾病，还会使皮肤干燥，失去水分。对此，室内可以使用加湿器，以及洒水、用湿墩布拖等方法，以保持空气湿度适宜。

3.沙尘暴已经发生时，应及时关闭好门窗，以防止沙尘进入室内。室内应使用加湿器、洒水或用湿墩布拖地等方法清理灰尘，保持空气湿度适宜，以免尘土飞扬。

4.人们从风沙天气的户外进入室内，应及时清洗面部，用清水漱口，清理鼻腔，有条件的应该洗浴，并及时更换衣服，保持身体洁净舒适。

5.沙尘天气一旦有沙尘吹入眼内，不要用脏手揉搓，应尽快用清水冲洗或滴眼药水，保持眼睛湿润易于尘沙流出。如仍有不适，应及时就医。

6.沙尘天气空气比较干燥，应多喝水、多吃水果。沙尘天气结束后，如感到呼吸系统有不适，应及时到医院就诊。

7.沙尘暴结束后，要及时洒水清扫院落沉积的大量沙尘，防止尘土飞扬，造成空气污染。

温馨提醒

◇在大风干燥多尘的天气里，细菌病毒和支原体等微生物活动频繁，并利于传播，容易诱发咽炎、鼻出血、眼干、角膜炎、气管炎、哮喘等。平时可口含润喉片，保持咽喉凉爽舒适。

◇滴几次润眼液以免眼睛干燥；有鼻出血的情况可以经常在鼻孔周围抹上几滴干油，以保持鼻腔的湿润，防止手细血管破裂引起出血。

 案例

内蒙古、北京沙尘暴灾害

2000年3月22日至23日，内蒙古自治区出现大面积沙尘暴天气，部分沙尘被大风携至北京上空，加重了扬沙的程度。3月27日，沙尘暴又一次袭击北京城，局部地区瞬时风力达到8至9级。正在安翔里小区一座两层楼楼顶施工的7名工人被大风刮下，两人当场死亡。一些广告牌被大风刮倒，砸伤行人，砸坏车辆。

第四章 事故灾难

事故灾难是具有灾难性后果的事故，

是在人们生产、生活过程中发生的，

直接由人的生产、生活活动引发的，

违反人们意志的、迫使活动暂时或永久停止，

且造成的人员伤亡、经济损失，

或者环境污染的意外事件。

遇到这些事故我们应如何预防与应急呢？

道路交通事故

道路交通事故是指车辆在道路上因过错或者意外造成人身伤亡或者财产损失的事件。交通事故不仅是由不得特定的人员违反交通管理法规造成的，也可以是由于地震、台风、山洪、雷击等不可抗拒的自然灾害造成。

行人交通事故应急要点

行人发生交通事故多由闯红灯、不走人行横道、不注意观察、斜穿或从车前车后突然猛跑、折返，造成车辆躲闪不及引起。

1. 行人与车辆发生交通事故后，在不能自行协商解决的情况下，应立即拨打110电话报警。

2. 如果行人被车严重撞伤，应立即拨打110、122报警，并拨打120求助，同时检查伤者的受伤部位，并采取初步的救护措施，如止血、包扎或固定。应注意保持伤者呼吸通畅。如果呼吸和心跳停止，应立即进行心肺复苏法抢救。

3. 发生重大交通事故时，伤者很可能会脊椎骨折，这时千万不要翻动伤者。如果不能判断脊椎是否骨折，也应该按脊椎骨折处理。

4. 遇到肇事者驾车或弃车逃逸的情况，应记下肇事车辆牌号、车型、颜色等特征及其逃逸方向等有关情况，及时提供给交警。

5. 受伤者如伤势较重，应求助周围群众报警，并拦住肇事车辆。

行人过马路时一定要遵守交通规则。

行人交通事故预防

1. 行人应行走在人行道内，没有人行道的要靠边行走。

2. 通过路口或横过马路时，按照交通信号灯指示或听从交通民警的指挥通行。有交通信号控制的人行横道，应做到红灯停、绿灯行；从没有交通信号控制的路口通过时，须注意车辆，不要追逐猛跑；有人行过街天桥或隧道的须走人行过街天桥或隧道。

3. 不要在道路上玩耍、坐卧或进行其他妨碍交通的行为；不要钻越、跨越人行护栏或道路隔离设施。

4. 通过没有交通信号灯或人行横道的路口，或在没有过街设施的路段横过道路时，应当注意来往车辆，看清情况，让车辆先行，不要在车辆临近时突然横穿。在确认安全后通过。

5. 学龄前儿童应当由成年人带领在道路上行走。

6. 高龄老人、行动不便的人上街最好有人搀扶陪同。

驾驶汽车遇险事故应急要点

大部分交通事故在发生的瞬间，驾驶员均可作出些避让的动作，这些动作有的可以起到减轻交通事故损失的作用，有的则适得其反。所以，在车辆遇到紧急情况时，要做到以下几点。

1. 冲出路面时的应急自救

①不要让坐车者在车身不稳时下车，这会造成危险。前轮悬空时，应先将前面人员逐个接下车；后轮悬空时，则应先让后面的人员逐个下车。

②汽车冲下路基时，首先应使车子保持平衡，防止翻车；还要切断汽车电路，防止

漏油发生火灾。

③汽车冲出路面发生翻滚时，乘员在意识丧失以前，应用双手紧握并紧靠后背；驾驶员可紧握方向盘，与车子保持同轴滚动，使身体不在车内来回碰撞，以免严重撞伤。

2. 刹车失灵时的逃生自救

①如果行车途中刹车失灵，应立即换挡并启用手刹。必须同时做到几件事：脚从加油踏板上抬起，打开警示灯，快速摇动脚刹（它可能仍连着），换低挡，手刹车制动。不要猛拉手刹，应由轻缓逐渐用力，直至停车。

②如果来不及做完以上整套动作，可以先从加油踏板上抬脚，再换低挡，抓手刹车制动。除非确信车辆不会失去控制，否则不要用全力。小心地驶离车道，将车停在你能走离公路的地方，最好是边坡，或者松软的上坡。

③如果车速始终无法控制，比如遇到了陡下坡，为了减速，可以不断冲撞路边的护栏或护墙。还可利用前面的车辆帮你停车——在距离许可的条件下靠近它，使用警示灯、按喇叭、闪亮前灯等手段，使前面的司机接收到你的求助信号。

3. 发生撞车时的应急自救

①如果撞车已不可避免，作为司机应保持冷静，掌握好方向盘尽可能将自己和他人的损失降至最低限度。为了减速，可以冲向能够阻挡的障碍物。较软的篱笆比墙要好，灌木丛比参天大树要好，它们可使你逐渐减速直至停车。撞墙和树都很可能是致命的，尽管它们可以使你猛然停车。

②安全带将阻止你在紧急刹车时冲向挡风玻璃。没系安全带最好不要试图硬撑着去对抗冲撞。这可能比顺其自然受伤更严重，因为减速冲撞更加突然。在倒向冲撞点的瞬间应尽量早地远离方向盘，双臂夹胸，手抱头。

③副驾驶位是最危险的座位，如果坐在该处的话，首先要抱住头部躺在座位上，或者双手握拳，用手腕护住前额，同时屈身抬膝护住腹部和胸部。

④后座的人最好的防护办法就是迅速向前伸出一只脚，顶在前面坐椅的背面，并在胸前屈肘，双手张开，保护头面部，背部后挺，压在坐椅上。

⑤车祸时应迅速用双手用力向前推扶手或椅背，两脚一前一后用力向前蹬，这样，撞击力消耗，缓冲身体前冲的速度，从而减轻受害的程度。

⑥相撞时切忌喊叫，应该紧闭嘴唇，咬紧牙齿，以免相撞时咬坏舌头。

⑦汽车相撞发生火灾的可能性极大，所以撞击一停止，所有人要尽快设法离开汽车。

汽车自燃时的逃生方法

汽车自燃前会有一些前兆，比如说仪表不亮、水温过高、开车时发现车身有异味、冒出烟雾等，遇到这些情况要马上找安全的地方停车检查。

如果真是发生自燃，一般从冒烟雾到着明火需要一段较长的时间，汽车通常在明火着起来之后才会爆炸，这时候车主一定不要慌张，用灭火器、水或者衣物覆盖都可能将自燃熄灭。如果没有办法，也要尽快寻求消防、交警的帮助，保护现场，确定车主自身的权利和责任，为事后索赔取证留下依据，减少损失。

1. 上车的第一时间，花2分钟了解汽车内的逃生路线；了解汽车内应急装备的位置和使用方法（如灭火器、破窗锤、车门的手动强制开关等）。了解这些情况，或许能在紧急关头救你一命。

2. 一旦在车上闻到有烧焦的味道或看到浓烟，立即通知司机，让司机靠边停车熄火，并打开车门。乘客等车停稳后，从车门有序逃生并报警，司机等人群疏散完后想办法灭火。

3. 如果身上已经着火，应尽快找通道下车，再想办法灭火，不能停留在着火的汽车里。

4. 停车后，如果车门没有打开，立即手动强制打开车门；如果还是不能打开门，应立即使用硬物打破车窗（破窗锤、高跟鞋后脚或其他硬物都可），然后有序地从车窗逃生。

车辆故障停路边未设标志酿大祸

2010年3月某晚，北京市赵某的货车因爆胎侧翻在道路中间的隔离带旁，车上所载煤矸石撒到相反方向的行车道上。

故障出现后，司机周某并未按规定设置警告标志，导致中央电视台记者刘某驾驶的车轧上煤矸石后失控翻车，被困车中，后被人救出。随后，一辆夏利车也因轧上煤矸石而与护栏相撞。

高速公路交通事故

2011年1月11日18时30分左右，河南平顶山运输公司一客车在许平南高速公路发生一起特大交通事故，造成16人死亡，23人受伤，其中6人伤势严重。经查，这辆客车存在超员现象。

地铁事故

地铁是在封闭状态下运营的大型载客交通工具，因设备故障、人为破坏、不可抗力等原因，均可能突发重大意外事故。

地铁追尾怎么办

1. 相撞可能造成的伤害

自身碰撞或惯性作用导致头颈部、胸腹部和四肢损伤；内脏相互碰撞挤压后的损伤；钝器或锐器刺伤。

2. 保护措施

首先要远离门窗，趴下，低头，下巴紧贴胸前，以防颈部受伤，抓住或紧靠牢固物体。车停稳后观察周围环境自救。路轨通电等宣告已经截断电源才能下车，或紧贴安全疏散通道撤离。

疏散时，乘客尽量把大件物品行李留在车上。

设备发生故障时，请在指定线路上行走。

设备故障时疏散的注意事项

1. 保持镇定，耐心等待救援人员到来，并按照救援人员的指挥及疏散指示迅速撤离。

2. 依照工作人员指示从列车某一端的紧急出口疏散或从打开的车门走上疏散平台进行疏散。

3. 要注意照顾小孩、老人及伤残人士。

4. 沿紧急疏散通道进入线路或从疏散平台疏散时，大件物品行李请留在车上，以免阻碍疏散。

5. 在疏散过程中要注意脚下异物，以免摔伤或者被障碍物碰伤。利用疏散平台疏散时，不要拥挤，切勿擅自跳下轨道以防触电，穿高跟鞋的乘客需脱鞋以免摔伤或扭伤。

6. 请在指定线路上行走。不可走到其他线路上或隧道内。

7. 乘客疏散中遇到受伤时，请及时与地铁工作人员取得联系，等候救治。

8. 乘客沿站台末端梯级上到站台，按照工作人员指引离开车站。

地铁停电怎么办

1. 运行时停电，乘客千万不可扒门离开车厢进入隧道。即使全部停电后，列车上还可维持45分钟~1小时的应急照明和通风。听从工作人员指示，从指定的车门向外撤离。

2. 站台突然停电，乘客在等待工作人员进行广播和疏散时，请原地等候。

3. 无其他意外发生，停电时一般不要拉动报警装置。

停电时一般不要拉动报警装置。

站台突然停电，乘客在等待工作人员进行广播和疏散时，请原地等候。

确认地铁里发生了毒气袭击时，应利用随身携带的手帕、餐巾纸、衣物等用品堵住口鼻、遮住裸露皮肤。

到达安全地点后，迅速用流动水清洗身体裸露部分。

地铁发生毒气袭击时怎么办

1. 确认地铁里发生了毒气袭击时，应利用随身携带的手帕、餐巾纸、衣物等用品堵住口鼻、遮住裸露皮肤，如果手头有水或饮料请将手帕、餐巾纸、衣物等用品浸湿使用。

2. 判断毒源，应该迅速朝着远离毒源的方向逃跑，有序地到空气流通处或者到毒源上风口处躲避。

3. 到达安全地点后，迅速用流动水清洗身体裸露部分。

4. 要听从工作人员指引，尽快疏散到安全区域。

地铁发生火灾怎么办

1. 发生火灾要及时报告。利用车站站台墙上的"火警手动报警器"或直接报告地铁车站工作人员，以便车站工作人员及时采取相关措施进行处理。

2. 尽可能寻找简易防护，可用毛巾、口罩蒙鼻，最好是湿的。在有浓烟的情况下，采用低姿势撤离，贴近地面逃离是避免烟气吸入的最佳方法。视线不清时，手摸墙壁徐徐撤离。

3. 紧急情况下要保持镇定，不能盲目乱跑。要听从工作人员的指挥或广播指引，迎着新鲜空气跑。身上着火千万不要奔跑，可就地打滚或用厚重的衣物压灭火苗。

4. 遇火灾不可乘坐车站的垂直电梯。

5. 不要贪念财物。不要因为顾及贵重物品而浪费宝贵的逃生时间。

在有浓烟的情况下，贴近地面逃离是避免吸入浓烟的最佳方法。

地铁事故的预防

1. 平时要注意加强地铁安全乘车知识的学习，最大可能地减少由于自身失误而产生的地铁运营事故。

2. 乘客在平时乘坐地铁时应注意熟悉站内和车厢环境，以及地铁的消防设施和安全装置。地铁内部的安全装置和消防设施，只是在紧急情况下才可按规定使用。

3. 地铁发生事故时，灯光和安全的空气是首要之需。经常搭乘地铁的人可在包里放几件小而轻的救生设备，比如：电筒、防烟面罩等。

4. 不携带受禁止和管制的危险物品进入地铁，并自觉接受安全检查，配合地铁工作人员开展工作。

5. 在没有安全屏蔽门的站台，候车人一定要站在黄色安全线后面候车。发生人群拥堵时要注意观察，以免发生坠落或者被人挤下站台等意外。

了解地铁应急道具

1. 列车灭火器

作用：一旦发生火警，在能力所及范围内下可直接进行灭火。

位置：列车座椅下方，一节车厢有两个，俯身可见。

外观：与常见灭火器一样。

使用方法：解开皮带取出，上下摇动对准火源，拔去保险销，压下压把由远及近扑灭。

2. 乘客紧急通讯装置

作用：若列车上发生紧急事件，乘客可用紧急通讯装置向司机通话报警。

位置：一般位于每节车厢车门上方或侧方。

外观：圆形按钮，下有对讲设备，具体外观、颜色因不同线路列车有所区别。

使用方法：打开盖板按压按钮或直接按压"紧急按钮"可与司机进行通话。

3. 车门紧急解锁手柄

作用：列车到站后，列车车门无法开启时使用。

位置：一般位于每个车门左侧或右侧立柱上。

外观：红色、方形，盖板内有手柄。

使用方法：列车停稳后，打开或拉掉盖板，按箭头方向拉下手柄或旋转手柄至解锁位，手动向两侧用力推开车门。

注意：列车在区间内行驶时严禁操作此装置。

4. 屏蔽门紧急开门装置

作用：当发生紧急事件需通过屏蔽门进行疏散，或车门打开后屏蔽门发生故障时，可通过手动解锁把手或推杆打开屏蔽门。

位置：屏蔽门手动解锁把手位于每档滑动门中部链接处；屏蔽门手动推杆锁位于屏蔽门中央（内侧可见）。

外观：绿色长形把手或推杆。

使用方法：按下解锁把手或推杆，用力横向推开屏蔽门。

5. 自动扶梯紧急停止按钮

作用：扶梯上发生紧急情况需停止电梯运行时，可手动停止扶梯运行，避免发生更大的意外。

位置：电扶梯左右两端。

外观：硬币大小的红色按钮，旁边有"紧急停止按钮"标志。

使用方法：按压红色按钮即可使自动扶梯紧急停止运行。

6.站台紧急停车按钮

作用：当车门、屏蔽门夹人夹物、有人或大件物品掉落轨道时使用。

位置：站台墙壁上，靠近列车车头、车尾两侧。

外观：红色的四方小盒子，上锁，按钮为红色，有"紧急停车按钮"的字样标志。

使用方法：击碎中间玻璃按压按钮即可，该设备涉及行车安全，非紧急情况下严禁使用，否则按章处罚。

7.火灾手动报警按钮

作用：供发生火情时报警。

位置：车站站厅、站台消防栓旁边的墙壁上。

外观：手掌大小，红色、四方形，上有"FIRE"字样。

使用方法：击碎玻璃，按动按钮即可报警。

印度东部一列地铁脱轨 无乘客伤亡

2010年10月20日上午9点半左右，印度东部加尔各答一列地铁列车的两节车厢在靠近达姆达姆中央车站时脱轨，车上乘客在警方和消防人员的帮助下通过驾驶员舱门疏散。当地警方证实列车上乘客均未受伤，不过有一些乘客因当时车内灯光瞬间熄灭而产生不安和恐慌的心理。

韩国大邱地铁火灾

2003年2月18日，韩国大邱氏地铁中央路站发生火灾，造成135人死亡，137人受伤，318人失踪。火灾是由精神病人放火所致。

最先着火的是一组6节列车，载有旅客约400人。4分钟之后，另一组与起火列车相反方向驶来的列车也进入中央路车站，这也是一组6节列车，载有旅客约400人。后进站的这组列车的驾驶员因为害怕有毒气体进入车厢而没有及时打开车厢门疏散乘客，等再想打开列车车厢门时，电被切断了，从而全体乘客都被关在了黑暗的车厢内。一些车厢的乘客找到了应急装置，用手动方式打开了车厢门得以逃生，但是许多车厢门一直未被打开。第一组列车的车厢门是开着的，所以乘客可以及时逃生出去，但第二组列车的车厢门却是紧闭的。大多数死者是第二组列车上的乘客。

动车、火车事故

人为破坏、人畜违章进入行车安全区域、机动车抢越道口、行车设备损坏、自然灾害等原因都可造成列车停车、冲撞、脱轨甚至颠覆等灾难性事故。

火车常见事故的发生

1. 上下车时

其实列车的出入口在设计时就已考虑到了旅客上下车的方便及安全问题，当列车停靠在正式站台时，旅客的上下一般不存在什么危险。不安全因素往往发生在以下情况：第一是人群拥挤，抢上抢下；第二是不等列车停稳而争下，列车启动后争上；第三是不在站台内上下，列车扶梯离地面较高；第四是从车窗上下。由于以上这些行为违反了列车上下车的安全要求，因而也是乘火车旅行最易发生意外事故的环节。

2. 在车厢内

一般客车车厢内是不存在危险因素的，但在两节车厢联接处却存在着较大危险，这是由于车厢联接处在列车运行中处于不稳定状态，由于车体的震动和惯性撞击使相联的两节车厢时时处于上下错动、互相碰撞的状态，当旅客处于联接点时，很可能伤及手、脚，遇有路段不好或刹车时还可能造成更大伤害。

3. 急刹车时

列车遇有紧急情况需停车时，必然要采取紧急刹车，由于列车是一个几千吨重的庞然大物，其运行时的惯性是十分大的。因此一旦紧急刹车必然会有一个很大的向前冲击的力量。那么，处于车厢内的人和物体也必然会失去平衡，人会跌倒、碰撞，也会被行李物品砸伤甚至产生更严重的伤害。

4. 车窗破坏

列车在行进中如果车窗玻璃突然碎裂，其伤害力是很大的，飞进的玻璃片会像把飞刀砍向人们的头部，必然会造成严重的伤害事故。当列车运行在峡谷地带和遇有大风暴时，车窗玻璃往往容易被流石击中，当然也可能是路旁的顽童恶作剧所为。

5. 列车失火

列车失火事故并不罕见。由于一些旅客不遵守关于禁止携带易燃品、易爆品和危险品上车的规定，将"三品"带进列车，在行车途中或产生燃烧或摩擦爆炸，极易酿成火灾。

一些吸烟旅客不慎将火柴烟头之类引燃了其他物品，也是发生列车火灾的原因之一。

6. 列车脱轨

由于种种原因造成的列车脱轨事故往往会使整列列车颠覆，形成恶性事故。由于列车颠覆又会引发火灾、爆炸、坠河等，因而危及旅客人身安全。

乘坐动车须知的逃生知识和技巧

1. 发生事故时，应该马上趴下来，抓住牢固的物体，以防被其他硬物击伤，最好的位置是在过道上面，方便逃离，也可以预防被车的冲击力抛动受伤。

2. 发生事故的时候一定要低下头，把下巴紧贴在胸前，双手抱头，以防止头部受伤。

3. 动车经过剧烈颠簸、碰撞，停止不动后，这时应迅速活动自己的肢体，如有受伤先进行自救。车停下来后，车厢很可能起火，不要贸然在原地停留观察，应该打碎玻璃逃离车厢。

4. 发生事故逃生时，用锤尖敲击车窗 4 个角的任意一个近窗框位置，尤其是上方边缘最中间的地方，钢化玻璃砸中间是没有用的。手持救生锤，以 90°方向锤敲玻璃，如果是带胶层的玻璃，一般情况下不会一次性砸破，在砸碎第一层玻璃后，再向下拉一下，将夹胶膜拉破才行；紧急时可用高跟鞋的鞋跟尖锐部分或其他尖锐坚固的物品。

5. 如果发生火灾，首先要冷静，切勿盲目跳车，否则无异于自杀。先尝试将现有明火扑灭，如果发现火势太大，应利用随身携带的手帕、餐巾纸、衣物等用品用水或饮料浸湿，堵住口鼻、遮住裸露皮肤，顺列车运行方向撤离，因为在通常情况下，列车在运行中火势是向后部车厢蔓延的。

火车不同位置遇事故时的自救措施

火车一旦发生事故，乘客在火车的各个不同位置应采取不同的自救措施。

1. 在车厢座位时

如果火车发生倾斜、摇动、侧翻，而且如果有足够的反应时间，就应该平躺在地上，面朝下，手抱后脖颈。在此时，快速反应是防范金属扭曲变形、箱包飞动、玻璃破损飞溅而受伤的最佳求生办法。你在人多的车厢里如何求生取决于你的反应。动作一定要快，必须马上反应。背部朝火车引擎方向的乘客如果太晚接触地面，应该赶紧双手抱颈，然后抗住撞击力。

2. 在走道时

躺在地上，面部朝地，脚朝火车头的方向，双手抱在脑后，脚顶住任何坚实的东西，膝盖弯曲。

3. 在卫生间时

应赶快坐在地上，背对着火车头的方向，膝盖弯曲，手放在脑后抱着。

火车发生火灾时的救护措施

1. 让火车迅速停下来

失火时应迅速通知列车员停车灭火，或迅速冲到车厢两头的连接处，找到链式制动手柄，按顺时针方向用力旋转，使列车尽快停下来。或者是迅速冲到车厢两头的车门后侧，用力向下扳动紧急制动阀手柄，也可以使列车尽快停下来。

2. 在乘务人员疏导下有序逃离

运行中的旅客列车发生火灾，列车乘务人员在引导被困人员通过各车厢互连通道逃离火场的同时，还应迅速扳下紧急制动闸，使列车停下来，并组织人力迅速将车门和车窗全部打开，帮助未逃离火车厢的被困人员向外疏散。

当起火车厢内的火势不大时，列车乘务人员应告诉乘客不要开启车厢门窗，以免大量的新鲜空气进入后，加速火势的扩大蔓延。同时，组织乘客利用列车上灭火器材扑救火灾，还要有秩序地引导被困人员从车厢的前后门疏散到相邻的车厢。当车厢内浓烟弥漫时，要告诉被困人员采取低姿行走的方式逃离到车厢外或相邻的车厢。

3. 利用车厢前后门逃生

旅客列车每节车厢内都有一条长约 20 米、宽约 80 厘米的人行通道，车厢两头有通往相邻车厢的手动门或自动门，当某一节车厢内发生火灾时，这些通道是被困人员利用的主要逃生通道。火灾时，被困人员应尽快利用车厢两头的通道，有秩序地逃离火灾现场。

4. 利用车厢的窗户逃生

旅客列车车厢内的窗户一般为 70 厘米 ×60 厘米，装有双层玻璃。在发生火灾情况下，被困人员可用坚硬的物品将窗户的玻璃砸破，通过窗户逃离火灾现场。

车窗破碎事故的应对

当列车车窗被列车外部飞来物体破坏时，面向列车前进方向而坐的旅客便会首当其冲受到伤害，伤害的部位主要在面部，轻者可伤皮肤、扎破脸部；重者可造成眼睛、鼻子、口唇、耳朵受伤，最危险的还是眼睛。

成人或儿童旅客一旦被车窗玻璃伤害，如果伤势较轻，可首先由他人帮助消除残留面部的玻璃碎渣，然后作外伤包扎，如果伤及眼睛，更要仔细，首先应用消毒药棉或其他洁净织物擦去伤口血迹，使伤口暴露出来，然后检查伤口内是否残留玻璃碎片、碎渣，如有，可用镊子，也可用指甲刀之类将碎渣夹出，之后再用消毒棉清理一下伤口再包扎。如果伤及眼球尤其是瞳孔，千万要小心，伤者自己不要乱动，他人救助时对于较大碎片可马上清除，对于细小碎渣，如果没有医治技术不要盲目处理，可先用一块消毒棉花轻轻盖在眼球上，然后用一凹形物体如瓶盖、茶杯、杯盖类罩于其上，再用纱布类包扎，尽快找专业医生处理。

伤势较严重者，可请求列车工作人员协助在最近车站下车赶赴医院治疗。对于儿童伤员，家长或同行成年人首先要使儿童消除恐慌，不要乱动，不要用手乱摸伤口，尤其是眼睛受伤时，要努力禁止儿童流泪和揉按伤口，以免加重伤害，然后按上述方法处置。

列车脱轨事故应急措施

1. 遇上重大的列车颠覆事故，旅客最要紧的就是固定自己的身体。如果时间允许最好能平卧在坐椅上，或钻在两个椅子中间的空档之中，紧紧抓牢或抱住靠背或椅子腿，也可抓住茶几支柱或行李架，让身体与车厢形成一体，在车厢发生倾斜或翻滚时不会与车厢或其他物体发生碰撞。

2. 处于两节车厢连接处的人要迅速冲进车厢。因为车厢内相对比较安全，不至于从车门甩出车外。处于车厢内的人员在自我保护时应躲开车窗处，避免被巨大的冲击力从车窗甩出去或被玻璃刺伤，也应避开两个平行相对的椅子靠背处，如果列车厢体受压变形，两个靠背会互相靠近而将人挤住。卧铺车厢的旅客在列车颠覆时不要盲目跳下卧铺，应保持身体平卧状态，牢牢抓住卧铺使身体不要失去固定位置。

3.列车颠覆后稳定下来时，旅客应及时辨别方位，如果受伤较轻应尽快寻找车窗、车门逃离车厢；如果受伤较重则要大声呼救，求得他人援救；如果车厢发生火灾，应向上风方向逃离；如果车厢掉进水中，则要赶快爬上高处避水，即使车厢被水封闭，也要冷静地向两侧寻找窗口及时钻出车厢脱离险境。

行人不要随意穿越铁路，
不要在铁道上行走、坐卧。

◇行人不要随意穿越铁路、翻越护栏，不要在铁道上行走、坐卧、乘凉或在停站的列车底下停留，严禁攀爬电网电杆或从跨铁路立交桥上向铁路扔杂物。

◇机动车辆通过铁路道口，要听从铁路工作人员的指挥，遇有道口拦木（拦门）关闭、自动道口信号闪亮红灯或发出警报音响应立即停车等待。

◇不要利用铁路电力线杆、接触网立柱、信号机柱架设电线或安设其他设备。

◇不要携带易燃、易爆、剧毒、腐蚀性物品进站上车。

应急训练救了一家三口

2011年7月23日20时27分，北京至福州的D301次列车行驶至温州市双屿路段时，与杭州开往福州的D3115次列车追尾，导致D301次1、2、3列车厢侧翻，从高架桥上掉落，造成多人伤亡。

来自南京的王女士和母亲、儿子事发时在D3115悬挂在高架桥边的4号车厢里。王女士说，她和母亲、儿子都接受过应急训练，掌握一些基本求生常识。在列车受到强烈撞击时，3人拼命抓紧窗台和门板，加之背对行车方向，以致车厢坠地后，基本没有受伤。

水上交通事故

　　水上交通事故是指船舶在海上和内河水域发生的各类水上事故。如船舶碰撞、搁浅、触礁、触损、浪损、火灾、爆炸、风灾、自沉以及其他引起人员伤亡或经济损失的事故。

乘客乘船安全常识

　　1. 看清船名，以免乘坐错误。

　　2. 看船舶乘客定额。乘坐水上交通工具注意查看船只的核定载客人数，不要搭乘超载船只。

　　3. 看船舶载重线。船舶载重线指船舶满载时的最大吃水线。它是绘制在船舷左右两侧船舶中央的标志，指明船舶入水部分的限度。此举是为了保障航行的船舶、船上承载的财产和人身安全，它已得到各国政府的承认，违反者将受到法律的制裁。

看清船舶救生设备（救生衣、救生圈等）的位置，以备紧急需求时取用。

看清船舶消防设备（灭火器、黄沙箱等）是否齐全，以备紧急需求时取用。

4. 看清船舶救生设备（救生衣、救生圈等）的位置，以备紧急需求时取用。

5. 看船舶消防设备（灭火器、黄沙箱等）是否齐全，以备紧急需求时取用。

6. 遇到大风、大浪、浓雾等恶劣天气时，尽量避免乘船。

7. 乘船观景时，不要拥到船的一侧，以防发生意外。

水上交通事故应急要点

1. 一旦航行途中发生意外，乘客应按照工作人员指示，加穿保温性好的衣服后，迅速穿上救生衣，到救生艇、救生筏处集合。

2. 如时间允许，应尽量收集毛毯、衣服等保暖物品，并收集食物和淡水。

3. 不要回到你的舱室中收拾你的行李物品。

4. 不要寻找你的同伴，集合地点是你们会合的地方。

5. 赶到集合地点，听从船长统一指挥。

6.优先让老人、妇女、儿童、体弱者登上救生艇、救生筏。

7.情况紧急需跳水逃生时，应系紧救生衣，深吸气后右手将鼻口捂紧，左手紧握右上臂的救生衣，双腿并拢，身体保持垂直，两眼向前平视，入水时保持脚在下、头在上，两腿伸直夹紧，两手不能松开，直至身体重新浮于水面。

8.如没能穿上救生衣，跳水前要拿上救生圈或其他漂浮物（如塑料泡沫、木板等）。落水者如没能找到漂浮物，可将裤子脱下，扎紧两裤管，迎风张开，使两裤管涨满，扎紧裤腰便可做成一个临时浮具。

9.在海上如水温较低，落水者应避免不必要的游泳，采取两腿弯曲并拢，两肘紧贴身旁，两臂交叉抱住救生浮具的姿势漂浮，可减少身体热量的散失，延长生存时间，争取获救。

乘客发现火灾时如何行动

1.如果火势较小，应立即用附近的灭火器扑灭，并向船员报告火情。

2.如果火势较大，不能立即扑灭，应大声呼喊，并启动报警器，以便驾驶员或驾驶台及时向全船发出警报。

发现有人落水时怎么办

1.乘客发现有人落水时，应马上报告驾驶室。

2.驾驶室获知后，应及时发出警报，并停止航行。

3.如果是夜间有人落水，应打开探照灯寻找，并迅速放下救生艇或向落水者抛投救生圈。

4.营救出水后，应立即施救。

◇如船舶失火并且海面上有油火，跳水前，尽量不穿化纤衣物和救生衣，可将救生衣和笨重衣服、鞋包扎好用一小绳系在腰上，在上风处跳水，入水后向上风方向潜游，若须换气，应用手将水面火拨开，头露出水面转向下风换气，再下潜向上风游出油火区。

◇在海面救生艇、救生筏上等待救援时，如感到口渴，千万不能喝海水，否则体内盐分增加，致使肾脏负担过重，功能丧失。

案例

"爱沙尼亚号"客轮沉没事件

1994 年 9 月 28 日，受狂风和暴雨的影响，"爱沙尼亚号"客轮在从爱沙尼亚首都塔林港出发驶往瑞典首都斯德哥尔摩的途中，在波罗的海沉没。从首次发出救难信号到客轮完全沉没，整个过程只有 30 分钟，客轮上 989 名乘客和工作人员，最终只有 137 人生还，"爱沙尼亚号"客轮沉没事件由此成为欧洲现代史上最可怕的海难之一。

事发时，29 岁的肯特·哈尔斯泰特正和其他大约 50 名乘客在船上的"波罗的海酒吧"里，乐队正在演奏美妙的音乐，乘客们谈笑风生。突然，大约在凌晨 1 时，船身发生 30° 倾侧，人们毫无准备地被摔到地上，自动售卖机、花盆掉了一地。

"也就是 1 秒钟，喧嚣声、音乐声戛然而止，一切归于死寂。我猜想，每个人的大脑都会如同高速运转的计算机一样，努力想知道到底发生了什么事情。"如今已成为瑞典议会议员的肯特·哈尔斯泰特回忆说。

由于船身剧烈倾斜，哈尔斯泰特努力抓住栏杆，让自己站起来，同时开始思考逃生计划，他曾经在军队里学习过生存技巧，现在，他迅速在脑海里搜索适用的方法。"我对自己说，嗯，方案一是……方案二是……下决定，行动……我没有对自己说，船正在下沉，我甚至根本不去想其他更大范围的事情。"

哈尔斯泰特努力让自己的注意力集中在逃生上，他尽力克服客轮倾向的重力，抓住楼梯栏杆奋力往上爬。但在逃生过程中，哈尔斯泰特看到的大部分乘客的反应让他吃惊不已，这些人并没有失去知觉，但他们一动不动呆在原地，惊吓得毫无反应，在甲板上，哈尔斯泰特看到，尽管也有一些人在争抢救生衣，更多人却呆若木鸡，甚至有个人还一动不动地在抽烟。

最后，哈尔斯泰特在客轮沉没之前跳进了大海，并游到了一艘救生艇上，在坚持 5 个小时后，哈尔斯泰特等来了救援人员。

航空事故

　　航空事故往往是由机械故障、人为因素和恶劣气象造成的，处置不当极易酿成机毁人亡的严重灾难。

乘坐飞机遇险时的应急要点

　　◇飞机最易发生危险是在起飞和降落的时候，因此起飞时要仔细看《安全须知》和乘务人员的演示，以保证碰到紧急情况时心中有数。飞行中应按要求系好安全带。

　　◇各种不同机型的逃生门位置都不一样，乘客上了飞机之后，要留意与自己座位最近的一个紧急出口。了解紧急出口的开启方法（一般机门上会有说明），飞机万一失事，可能要在浓烟中找寻出口，把门打开。

　　◇意外发生时，乘客应该保持冷静，一定要听从乘务人员的指挥。

　　◇突发紧急状况时，后仰的椅背会把后方乘客的逃生通道卡住。

　　◇收回小桌板，保证座位排逃生通道畅通。

　　◇打开机窗的遮阳板，保持良好的视线，以确保可以在紧急状况发生时看到机外的情形，便于逃生。

　　◇摘下眼镜、项链、戒指、假牙和高跟鞋；尖锐物件，如钢笔等也不应带在身上。

　　◇舱内出现烟雾时，一定要把头弯到尽量低的位置，屏住呼吸，用饮料浇湿毛巾或手帕捂住口、鼻后才呼吸，弯腰或爬行到出口。

　　◇若飞机在海洋上空失事，要立即穿上救生衣。

　　◇当飞机撞地轰响的一瞬间，要飞速解开安全带系扣，猛然冲向机舱尾部朝着外界光亮的裂口，在油箱爆炸之前逃出飞机残骸。因为飞机坠地通常是机头朝下，油箱爆炸

登上飞机后，应自觉关闭手机、笔记本电脑等无线电设备。

在十几秒钟后发出，大火蔓延也需几十秒钟之后，而且总是由机头向机尾蔓延。

◇飞机因故紧急着陆和迫降时，在机上人员与设备基本完好的情况下，要听从工作人员指挥，迅速而有秩序地由紧急出口"滑"落地面。

航空意外的处理

1. 飞机发生颠簸时

此时乘客应立即系好安全带。遇到紧急情况时，还应双手用力抓住前排坐椅，身体紧紧压坐在椅子上，尽量弯下身体、低下头，防止摔伤。

飞机在遭遇强气流或发生机械故障以及其他问题时，飞机在正常巡航状态也会发生颠簸，甚至会发生掉高度等不正常飞行，旅客在这时一定要系好安全带，保持镇定，关上茶水板，抱住前排座位。

2. 缺氧时

高空飞行飞机要对座舱增压。如果飞机座舱失压，就会造成缺氧，乘客会因此而头晕甚至失去知觉，乃至涉及生命安全。

氧气面罩是为旅客提供氧气的应急救生装置。在飞机座舱发生失密的情况下，氧气罩会自动从舱顶掉落下来，旅客应该带上氧气罩，在飞机下降到可以呼吸的安全高度时才能将其摘下。每个航班上都准备了足够的氧气面罩，即每位乘客都有配备，而且每排座位还会多配装一副备用面罩，以防意外。

3. 失火时

如果机舱内失火，可用二氧化碳灭火瓶和药粉灭火瓶（驾驶舱禁用）灭火；非电器和非油类失火，应用水灭火器。乘客要听从指挥，尽快蹲下，处于低水平位，屏住呼吸，或用湿毛巾堵住口鼻，防止吸入一氧化碳等有毒气体。

4. 迫降时

飞机在空中发生故障时不得不采取迫降的办法，迫降一般尽可能在海上进行（这也是为什么飞机尽可能沿海岸线飞行的原因），在迫不得已的情况下，飞机也会在撒满消防剂的跑道上迫降。当在海上迫降时，乘客要穿上救生衣。

温馨提醒

◇紧急情况发生时，乘客应听从乘务员指挥，不要慌乱。

◇登机后，要牢记紧急出口的方位及与自己的距离，了解航空安全知识，有不清楚的地方要及时咨询乘务人员。

◇飞机起飞、着陆和飞行途中应按要求系好安全带。孕妇乘坐飞机时，安全带应系在大腿根部。

泛美航空空难生还者

1977 年 3 月 27 日，泛美航空公司的一架波音 747 飞机正在加那利群岛的特内里费机场等待起飞。荷兰航空公司的一架客机以每小时 260 公里的速度从雾中冲来。荷航客机上的乘客全部当场死亡，泛美航空登机的 396 人中有 326 人丧生。加上荷兰航空公司班机上的乘客，最终共 583 人死亡。这成为人类航空史上最大的灾难。

神奇的是，泛美航空的飞机上的生还者是自己走下飞机的——海克夫妇当时就与朋友坐在泛美航空的 747 上。在两机相撞之后，70 岁的妻子弗罗伊吓得几乎无法动弹。但她的丈夫，65 岁的保罗却迅速作出了反应。他拉上妻子从飞机左侧的一个洞跳了出去。弗罗伊在脱险前回头看了一眼自己的朋友。她的朋友只是坐在那里，望着前方，嘴微微张开，双手放在膝盖上。结果，她像其余很多遇难者一样死于撞机后的滚滚烈火，而不是因为碰撞。

华航客机事故

2007 年 8 月 20 日，中国台湾华航的一架波音 737-800 客机在日本冲绳那霸机场着陆后不久起火爆炸，机上 165 人全部安全脱险。这次化险为夷，取决于良好的秩序、乘客的安全意识、机组人员的果断冷静。

日本 NHK 电视台详细报道了华航事故的全过程，并通过录像计算出，从第一个乘客逃出机舱开始，100 多名乘客在 94 秒内全数逃出。NHK 的报道特别提到，这次所有乘客全部安全逃出的原因之一，是乘客相互帮忙。从 NHK 还原现场所播出的画面可以看到，飞机开始冒火 7 秒后，前门的逃生梯先放下，30 秒时火势明显变大，1 分钟后开始有乘客滑下逃生梯，但有人可能是跌倒撞在一起，这时候已经跑走的人还回头帮忙，好让逃生梯不被堵住。起火后 1 分 30 秒时，乘客全部逃出，机师则是在 15 秒后，从驾驶舱跳下。几乎是同时，飞机爆炸。

出事华航客机如往常一样在那霸机场着陆，开始向停机场滑行。来自中国台湾的崔郑如坐在第 7 排右侧的座位上，突然发现右主引擎下有黑烟冒出来。他立刻通知了机组乘务员。接着，安全带的指示灯灭了，乘客纷纷站起来，从行李架上取出行李，排队站在通道上。可以说，乘客的及时报警，给机组指挥逃生争取了时间。

华航客机的正机长是 48 岁的台湾籍驾驶员犹建国，当他发现险情后，立即口头下达了紧急逃生命令。过去军中的训练，让犹建国养成了临危不乱、冷静稳健的个性，他几乎在起火的最后一刻才从近二层楼高的驾驶室跳下。拥有丰富飞行经验的机组人员，机警且迅速地疏散乘客，确定乘客都离开后才逃离。

电梯事故

电梯事故，主要有外因和内因两种，外因主要包括停电、电梯进水、电梯一次性搬运重量过大等，内因主要是电梯自身老化等。

电梯的每一次运行都要经过开门、关门动作，门锁工作频繁，老化速度比较快。一旦电梯开始老化，就容易造成开关失灵，发生乘客被困事故。而停电、电梯进水等原因也容易造成电梯线路故障，使电梯门开关失灵或者电梯停止运行。

垂直电梯的正确使用

1. 电梯在各服务层站设有层门、轿厢运行方向指示灯、运行位置指层器和电梯召唤按钮。电梯召唤按钮使用时，上楼按上方向按钮，下楼按下方向按钮。

2. 轿厢到达时，层楼方向指示即显示轿厢的运动方向，乘客判断欲往方向和确定电梯正常后进入轿厢，注意门扇的关闭，不要在层门口与轿厢门口对接处逗留。

3. 轿厢内有位置显示器、操纵盘及开关门按钮和层楼选层按钮。进入轿厢后，轻按欲往层楼的选层按钮。若要轿厢门立即关闭，可轻按关门按钮。轿厢层楼位置指示灯显示抵达层楼并待轿厢门开启后即可离开。

4. 电梯都设有额定载重，不能超载运行，人员超载时请后进者主动退出。

5. 乘客电梯不能经常作为载货电梯使用，不允许装运易燃、易爆品。

6. 当电梯发生异常现象或故障时，应保持镇静，可拨打轿厢内救援电话，切不可擅

不要在电梯内乱蹦乱跳。

自撬门，企图逃出轿厢。

7. 要爱护电梯设施，不要乱按按钮和乱撬厢门。

8. 发生地震、火灾等紧急情况时，严禁使用电梯，应改用消防通道或楼梯。

垂直电梯事故应急处理

1. 保持冷静，不要采取过激的行为，如乱蹦乱跳等，调整呼吸，尽量平稳、缓慢地吸气与呼气。

2. 用电梯内的电话或对讲机与外界联系，还可按下标盘上的警铃报警。如果手机有信号，被困者可拨打 119，向消防员求助。除此之外，也可拍门叫喊，或脱下鞋子用力拍门，以便及时传递求救信号。

3. 电梯运行速度突然加快时，要把每一层楼的按键都按下。如果有应急电源，可立即按下，在应急电源启动后，电梯可马上停止下落。

4. 将整个背部和头部紧贴梯箱内壁，用电梯壁来保护脊椎。同时下肢呈弯曲状，脚尖点地、脚跟提起以减缓冲力。用手抱颈，避免脖子受伤。

5. 如果电梯里有把手，一只手紧握手把，这样可固定人所在的位置，使你不至于因重心不稳而摔伤。

6. 电梯突然停运时，不要试图扒门爬出，以防电梯突然开动。

7. 如果电梯运行中发生火灾，应将电梯停在就近楼层，并迅速利用楼梯逃生。

8.运行中的电梯进水时，应将电梯开到顶层，并通知维修人员。

9.困在电梯里的人无法确知电梯所在的位置，因此不要强行扒门，否则会带来新的险情。

10.电梯顶部均设有安全窗，该安全窗仅供电梯维修人员使用，扒撬电梯轿厢上的安全窗，从这里爬出电梯会更危险。

乘坐自动扶梯的注意事项

1.不可倚靠扶梯两侧围裙板，身体应距围裙板和梯级边缘5厘米以上，以免衣服等被钩挂。

2.体弱老人和儿童一定要在成人搀扶和看护下乘用扶梯。

3.严禁将头、手及身体其他部位探出扶梯外，以免撞到外侧物体。

4.扶梯出入口处设置有紧急停止开关，仅供紧急情况下使用。

如何安全乘坐自动扶梯

◇紧握电梯扶手，不可倚靠，不要在电梯上蹲坐、行走。

◇双脚稳站在梯级内，不要将脚踏出梯级边沿。

◇小心照顾同行的小孩和老人。

◇踏入时应加倍小心，到达后尽快踏出扶梯。

◇发现有人摔倒，应大声呼救，按下电梯急停按钮。

◇如不慎在扶梯上摔倒，应十指相扣、护住后脑和颈部。

温馨提醒

◇在乘坐手扶电梯时应注意，首先不能在手扶电梯上乱丢杂物，尤其是硬物，因为这样做的后果，很可能让扶梯"梳齿板"出现卡壳情况，导致突然"停运"造成危险。

◇穿长裙子或手拎物品乘坐扶梯时，要留意裙摆和物品，谨防被挂住。

◇在电梯超载报警后仍然挤入轿厢或搬入物品，将造成电梯不会关门，影响运行效率，情况严重时将导致曳引绳打滑，轿厢下滑，甚至造成事故发生。

被困电梯，良好情绪是获救关键

去年夏天的一个凌晨，某小区内，刚和朋友在外吃过夜宵的少女小乐带着一点醉意，走进了楼道里。踏上电梯的轿厢，小乐摁下了 5 楼的按钮。可她没想到，电梯刚刚运行了两秒钟，"咣"的一下停住了。

"按钮全部没用了，电梯再也不动……"小乐拿出手机，准备打电话向家人求救，可电话早就没电，关机了。"当时一下子酒就醒了！怎么办？"她使劲用脚踹门，可那时是凌晨 1 点刚过，楼道里根本没有人。小乐身体比较瘦弱，连扳开轿厢门透气的力气都没有，只能坐在地上，不停地敲打轿厢铁门，希望有人能注意到。

就这样，2 个小时过去了，直到凌晨 3 点，终于有起夜的居民路过楼道，听到了从电梯轿厢内传出的声响，于是打电话报警。

消防队员赶来后，只用了不到 10 分钟，就将电梯门打开，将小乐救出。当跨出电梯门的一刹那，小乐一下子扑向了前来营救的消防队员，抱着他们痛哭流涕。"里面好热好闷，透不过气来，我以为没有人会发现我……差点就绝望了！"

其实许多电梯是通风的，被困者之所以感觉到呼吸困难、空气稀薄，很大程度上与当时的心情有关。对于电梯被困人员，特别是高血压、心脏病的患病者，应当在电梯内保持良好的情绪，切勿激动或是绝望。"对于被困人员来说，轿厢里是安全的，稳定而良好的情绪，是平安获救的关键。"

健身馆电梯事故

2003 年 9 月的某一天晚上 10 时许，诸某与梁某两位女士在南宁市某健身馆健身结束后乘观光电梯从 6 楼下至 1 楼，当电梯行过 4 楼时，突然停电了，电梯被卡在 3 楼与 2 楼中间。当时电梯内外漆黑一团，两位女士感到很紧张，所幸的是梁女士随身带了手机，当即用手机向"110"求救并向健身馆服务台报告电梯被卡情况。十几分钟后，"110"接警人员赶到，与大楼有关人员一起通过手电及蜡烛照明，在电梯的顶端用人工滑动电梯的缆绳慢慢地将两位女士救了出来，整个救助过程约半小时。

被困电梯里往往是由于突然停电所致，遇到这种情况，千万要沉着不可慌张，要利用一切可以利用的手段向外界求救，耐心等待救援。此案例中的两位女士做得很好，被困中及时通过手机向"110"求救，最后化险为夷。

火灾

火灾是指在时间和空间上失去控制的燃烧所造成的灾害。在各种灾害中，火灾是最经常、最普遍地威胁公众安全和社会发展的主要灾害之一。

室内消防栓的使用

1.着火时应立即打开消防栓，取出水枪、水带，将水带一端接在水枪上，另一端接在消防栓上。

2.将消防栓手轮开启，即刻便喷出水来。

3.若水枪、水带已连接好，应迅速开启消防栓手轮，喷水救火。

家庭失火的应急要点

家庭失火，是指在居室，因疏忽大意、人为原因等引起油锅着火、电器起火、液化气钢瓶失火等火灾事故。

1.炒菜油锅着火时，应疾速盖上锅盖灭火。如没有锅盖，可将切好的蔬菜倒入锅内灭火。切忌用水浇，以防燃着的油溅出来，引燃厨房中的其他可燃物。

2.电器起火时，先切断电源，再用湿棉被或湿衣物将火压灭。电视机起火，灭火时要特别留意从侧面靠近电视机，以防显像管爆炸伤人。

3.酒精火锅加添酒精时忽然起火，千万不能用嘴吹，可用茶杯盖或小菜碟等盖在酒精罐上灭火。

4.液化气罐着火，除可用浸湿的被褥、衣物等捂压外，还可将干粉或苏打粉用力撒向火焰根部，在火熄灭的同时关闭阀门。

5.逃生时，应用湿毛巾捂住口鼻，背向烟火方向疾速离开。

用湿布蒙在脸上。

6. 逃生时需要打开门，开门前要检查门把，如果门把很热，不要开门，改从窗户逃生，或到窗口等待救援；如果门把不热，慢慢开门，并确定火、烟是否阻挡了逃生去路。若阻挡出路，要立即关门并寻找其他逃生路径；若未阻挡出路，马上逃生并关上经过的门。

7. 浓烟弥漫时，用湿毛巾捂住嘴巴和鼻子，压低身子，手、肘、膝紧靠地面，沿墙壁边缘爬行逃生。

8. 必须经过火焰区时，先弄湿衣服或用湿棉被、毛毯裹住头和身体，迅速跑过。

9. 逃生通道被切断、短时间内无人救援时，应关紧迎火面门窗，用湿毛巾、湿布等堵塞门缝，用水淋湿房门，防止烟火侵入。

10. 火灾发生时被围困在二、三楼的居民逃生，应选一长杆或长木板，在一头捆绑上较沉的器物，然后将捆物的一头朝下，抱着另一端往楼下跳，这样可以使长杆或长木板着地后稳定性增强，从而减轻受伤的程度；如果没有绳或杆子，可将棉被、沙发等先从窗户扔到楼下，铺好落地点。跳的时候应该用手攀住窗台或阳台外沿，身体垂直向下跳，这样可以避免受伤。

家庭常见引发火灾的原因及预防措施

1. 电器火灾：多检查线路

◇家用电器由于使用时间长久或电器本身质量不合格，受潮受热等原因而造成电器的绝缘性能受到破坏，易于发生漏电而引起火灾。因此，家用电器在使用中应经常检查和保养，发现问题及时修理。

◇对于家用电器上的已老化或破皮的电源线应及时更换，更换时应符合原电源线的规格。

◇应注意保养好家用电器，及时清除污物和灰尘。

◇家用电器应放在室内干燥的地方，不能用湿布去擦带电的家用电器。

◇家用电器过热时应停止使用，严禁用水降温。

◇家用电器旁严禁堆放各种易燃品。

◇各种发热的家用电器用完后应及时关掉电源，严禁放置在木质家具和易燃品之上，防止引燃他物引起火灾。

2. 蚊香火灾：摆放要恰当

◇点燃的蚊香要放在金属支架上，并将支架放置在不燃烧的盒子里，防止蚊香因燃烧失去平衡或断裂而跌落到地毯等可燃物上，切忌将蚊香直接放在楼板上。

◇放置的蚊香不要靠近蚊帐、被单、衣服等可燃物，应与家具、床铺保持一定的距离，以防止床单或衣柜上悬挂的衣服、床单落到蚊香上。

◇在使用摇头电风扇时，应注意既要防止火星被风吹散，又要防止衣物等可燃物被风吹落到蚊香上。此外，使用电热蚊香也要注意防火安全。

3. 家庭成员：增强防火意识

◇家庭成员要从生活细节培养安全意识。比如不要躺在床上吸烟，室内点燃的蚊香等火源不要靠近易燃物，使用液化气做饭要经常检查燃气阀门，防止泄漏。

◇应大力破除迷信，不要在家里焚香点烛，将火灾隐患减少到最低程度。

◇让小孩接受消防安全知识教育。小孩对火有着强烈的好奇心理，玩火或无意识的恶作剧往往有意无意地引发火灾。家长、学校教师要重视消防常识教育，让孩子们意识到火灾的危害性。

高楼失火的应急措施

高楼失火，是指在高层建筑楼内发生的火灾。因高层建筑烟囱作用明显，易形成大面积燃烧。常出现人员拥挤阻塞通道，造成互相践踏的惨剧。

1. 发生火灾就及早报警

如果高楼失火，遇火第一时间首先该拨打 119。说明起火地点、单位名称、火势大小，是否有人员被困等情况，并安排人员在路口接应消防车。

2. 门锁发烫不可盲目开门

高楼火灾逃生的原则是，突发大火后，一定要保持冷静，不能惊慌失措，在火灾刚发生时，可趁火势很小，用灭火器和建筑的消防设施（室内消火栓）等在第一时间灭火，同时呼喊周围人员参与灭火和报警；如果发现楼内火势难以控制时，应尽快撤离火场并报警。在逃生开门前，应先触摸门锁。如果门锁温度很高或有浓烟从门缝中往里钻，则说明大火或烟雾已封锁房门出口，此时切不可打开房门，而应退守房间，关闭房内所有的门窗，用毛巾、被子等塞住门缝，并泼水降温。同时利用手机等通讯工具及时报警。

3. 利用高层的疏散逃生

逃生时，应尽量利用建筑物内的防烟楼梯间、封闭楼梯间、有外窗的通廊和室内设置的缓降器、救生袋、安全绳等设施。防止呛到浓烟，逃离时用湿毛巾捂住口鼻，尽量放低身姿，对老、弱、病、孕妇、儿童及不熟悉环境的人要引导疏散，互相帮助，共同逃生。楼梯等安全通道都配有应急指示灯作标志。在火灾发生时，可循着指示灯逃生。

4. 利用建筑内的场所避难

超过 100 米的高层建筑设有避难层，在发生火灾时，可以进入避难层避难。

如果着火点位于自己所处位置的下层，且火和烟雾已封锁向下逃生的通道，应尽快往楼上逃生。楼顶平台是一个比较安全的场所，比如：露台上有水箱，可用水浇湿自己的衣服，以抵御火焰的高温熏烤。

如果所有的安全通道都被切断，这时唯一的选择是，退到相对安全的卫生间内做短暂避难。被困者进入卫生间后，应将门窗关紧，缝隙堵严，拧开所有的水龙头放水。浴缸中应不断放水，一方面便于取水泼洒门窗降温，另一方面火势发展到卫生间时，人还可以躺在浴缸中暂时躲避一下。为消防队员来施救争取有利的时间。

5. 火灾"求救"要有术

除了拨打手机外，也可以从凉台或临街的窗户向外发出呼救信号。比如：向楼下抛扔沙发垫、枕头和衣物等软体信号物；夜间则可用打开电筒、应急照明等方式发出求救信号，帮助营救人员找到确切目标。

6. 逃生勿入普通客用电梯

火场逃生要迅速，动作越快越好，但是，千万不要轻易乘坐普通电梯。因为发生火

灾后，都会断电而造成电梯"卡壳"，这样逃生者会被困在电梯中，反而处于更危险的境地，给救援增加难度；另外，电梯口直通大楼各层，火场上烟气涌入电梯，极易形成"烟囱效应"，人在电梯里随时会被浓烟毒气熏呛而窒息。

7. 防止浓烟呛住口鼻

在逃生过程中，应当用湿毛巾或衣物捂住口鼻，以低姿态前进，避免火灾中产生的浓烟呛住口鼻，离起火点越近，火势和烟雾越大，不仅容易使人迷失方向，严重的可导致昏迷，甚至窒息。

8. 有些场所不宜避难

切记千万不可钻到床底下、衣橱内、阁楼上，躲避火焰或烟雾。因为这些都是火灾现场最危险的地方，而且又不易被消防人员发觉，难以获得及时的营救。

9. 高层火灾千万不能盲目跳楼

在得不到及时营救，又身居高层的情况下，切不可盲目跳楼。当被困人员所处的楼层在三层以下的情况下，可以用房间内的床单、被子、窗帘等织物，撕成能负重的布条连成绳索，并用水打湿，系在窗台、阳台或室内固定能承重的构件上滑向楼下，也可利用门窗、阳台、排管等逃生自救。

高楼火灾中如何避免严重烧伤

◇衣物着火时切勿奔跑、大声呼叫，以免造成和加重呼吸道烧伤。

◇在家中或其他建筑物的室内发生火灾时，应卧倒，用湿毛巾捂住口、鼻，看清火源时再设法迅速撤离，切忌惊慌失措从高楼跳下。

◇千万不要盲目地往下走，更不要坐普通电梯。火势从下面蔓延，烟气会充满楼道，这时可以逃到楼顶等待救援。

上海"11·15"火灾发生时，28层平台顶部一度被困了13人，他们在大火中保持冷静，最后手拉着手，跟着消防队员成功下楼逃生，未受任何伤害。

◇灭火时，不要用手扑打，以免导致自己受伤。尽可能利用旁边可利用的材料工具灭火，或就地打滚灭火。

◇仔细检查已灭火而未脱去的衣物，防止死灰复燃。

◇小面积烧伤病人可利用自来水进行冷疗。

◇烧伤早期，不要随意大量饮用白开水或其他饮料，尤其儿童伤员更需注意此点。

【背景资料】

为什么烧伤伤员早期不宜大量饮用白开水

烧伤伤员伤后早期常常有口渴现象,这通常是血容量不足的表现。

烧伤面积越大,体液渗出越严重,口渴也就越明显。此时,伤员常不停地口服大量白开水、糖水或其他甜饮料,这是十分错误的。

因为烧伤后渗出的体液不光是水分,还含有电解质、血浆等其他成分。如果单纯饮水,势必造成血晶体渗透压降低,使水分大量涌进细胞内,造成细胞内水肿,发生水中毒。而且烧伤伤员的这种口渴,靠饮水常难于解除,这就容易造成饮水过量而导致急性胃扩张,伤员会出现腹胀、呕吐,造成水分、电解质的大量丢失。

所以,对中、小面积烧伤伤员在未获得静脉输液前,可口服适量的盐糖液,即在100毫升凉开水中加0.3克食盐、0.15克小苏打及适量的糖,或含盐的饮料,如加盐的热茶、米汤、豆浆等。原则上,口服补液应少量多次,酌情增减,切不可任意满足伤员口渴的要求。

汽车失火应急要点

汽车失火,是指因汽车故障、碰撞、装载货物起火或人为原因等引起的火灾,不仅威胁乘客和驾驶员安全、损坏车辆,而且影响交通秩序。

1. 汽车发起机起火:疾速停车,切断电源,用随车灭火器对准着火部位灭火。

2. 车厢货物起火:立刻将汽车驶离重点关键地域或人员集中场所,并疾速报警。同时,用随车灭火器扑救。周围人员应远离现场,以免发生爆炸时遭到伤害。

3. 汽车加油过程中起火:立刻中止加油,分散人员,并疾速将车开出加油站(库),用灭火器及衣服等将油箱上的火焰扑灭。空中如有流洒的燃料着火,立刻用库区灭火器或沙土将其扑灭。

4. 汽车在修理中起火:应疾速切断电源,及时灭火。

5. 汽车被撞后起火:先设法救人,再停止灭火。

6. 公共汽车在运营中起火:立刻开启所有车门,让乘客有次序下车。然后,疾速用随车灭火器扑灭火焰。若火焰封住了车门,乘客可用衣服蒙住头部,从车门冲下,或者打碎车窗玻璃,从车窗逃生。

爆炸事故

爆炸事故，是指由于人为、环境或管理等原因，物质发生急剧的物理、化学变化，瞬间释放出大量能量，并伴有强烈的冲击波、高温高压和地震效应等，造成财产损失、物体破坏或人身伤亡等的事故。

爆炸事故应急要点

◇立即卧倒，趴在地面不要动，或手抱头部迅速蹲下，或借助其他物品掩护，迅速就近找掩蔽体掩护。

◇爆炸引起火灾、烟雾弥漫时，要作适当防护，尽量不要吸入烟尘，防止灼伤呼吸道；尽可能将身体压低，用手脚触地爬到安全处。

◇立即打电话报警，如遇伤害，拨打救援电话求助或就近医院救治。

◇尽力帮助伤者，将伤者送到安全地方，或帮助止血，等待救援机构人员到场。

◇撤离现场时要听从专业人员指挥，应尽量保持镇静，防止再度引起恐慌，增加伤亡。

◇爆炸过后，非专业人员不要前往事发地区，防止发生新的伤害事故。

安全燃放烟花爆竹

◇将烟花储存在密封的箱子里，最好锁上，放在干燥及小孩和宠物够不到的地方。

◇酒精和烟花不可以混放。

◇一次不能同时点燃 2 支以上的烟花。

◇不准自己制作烟花或者在制作好的烟花里面添加任何配料。

◇千万不要将烟花装在口袋里，烟花燃放时一定要在室外，四周干净、空旷，没有可燃物，不能在室内或者建筑物里面燃放，最好手边准备些水。

◇大风会影响燃放的效果，同时也会带来火灾隐患，因此不要在大风天燃放烟花爆竹。

◇小型烟花燃放时观众要远离 10 米，大型烟花燃放时观众要远离 100~200 米。

◇点燃烟花时，要用香支点燃，不要用明火点燃。

◇烟花点燃后，如果没有反应，千万不要急于上去查看。

◇烟花燃放 20~30 分钟后，要戴上手套用铁夹将烟花空筒和残渣清理掉。

家庭用电事故

　　现代生活中，电已经是不可或缺的能源。如果不懂得安全用电常识，忽视用电安全，就会造成触电、电气火灾、电器损坏等意外事故，甚至带来人员伤亡，所以说"安全用电，性命攸关"。（注：触电的现场急救方法见本书P29）

安全用电须知

　　1. 不要超负荷用电，破旧电源线应及时更换，空调、烤箱、电热水器等大功率用电设备应使用专业线路。

　　2. 严禁用铜丝、铁丝、铝丝代替保险丝，要选用与电线负荷相适应的保险丝，不可随意加粗。

　　3. 必须安装防止漏电的剩余电流动作保护器（俗称：漏电保护器）。保护器动作后，必须查明原因，排除故障后再合上。禁止拆除或绕越漏电保护器。

　　4. 不能用湿手拔、插电源插头，更不要用湿抹布擦带电的灯头、开关、插座等。

　　5. 不能使用"一线一地"的方法安装电灯。

　　6. 照明灯具、开关、插头插座、接线盒以及有关电器附件等必须完整无损。

　　7. 家用电器与电源链接，须采用可断开的开关或插头，不可将导线直接插入插座孔。

　　8. 不要拉着导线拔插头甚至移动家用电器，移动电器时一定要断开电源。

　　9. 要正确接地线。不要把地线接在自来水管、煤气管上，也不要接在电话线、广播线、有线电视线上。

　　10. 不要随意将三眼插头改成两眼插头，切不可将三眼插头的相线（俗称火线）与接地线接错。

　　11. 发热电器的周围不能放置易燃、易爆物品（如煤气、汽油、香蕉水等）。电器用完后应切断电源，拔下插头。

　　12. 晒衣铁架要与电力线保持安全距离，不要将晒衣竿搁在电线上。

　　13. 严禁私设防盗、狩猎、捕鼠的电网和用电捕鱼。

　　14. 铺设电线和接装用电设备，安装、修理、电器，要找具有相应资质的单位和人员，不要自行盲目安装或请无资质的单位和人员来操作。

停电事故的应急要点

突然停电可能会毁坏电器，引发事故，并直接影响人们的正常生活。

◇遇到突发停电事故，应首先利用手电筒等照明工具检查室内配电开关或漏电保护器是否跳开或保险丝是否烧断。

◇停电后应将空调、电视、冰箱、计算机等电器的电源插头拔下，待供电恢复后，等待 15 分钟以上再恢复使用。

◇保险丝熔断，应及时更换，但不能用铜、铁、铝丝代替。

◇室内有焦煳味、冒烟和放电等现象，应立即切断所有电源，以免发生火灾。

◇可以拨打当地电力部门事故应急抢修电话。

预防家用电器事故的方法

1. 空调机等大容量电器宜铺设专用的输电线路和熔断保安器。

2. 使用电熨斗、电吹风、电炊具等家用电器时，人不要离开。

3. 电视机室外天线要远离电力线，不要高出避雷针。

4. 电加热设备上不能烘烤衣物。

5. 搬动家用电器时，应先切断电源。

6. 洗衣机等家用电器的金属外壳必须与大地保持绝缘。

电气火灾的扑救措施

1. 尽可能先切断电源，再扑灭火灾。

注意：由于烟熏火烤，开关和闸刀的绝缘可能降低，因此切断电源时应戴绝缘手套、穿绝缘靴，并使用相应电压等级的绝缘工具，以防触电。

2. 无法切断电源时，应用不导电的灭火剂灭火。

注意：应用二氧化碳、四氯化碳、"1211"、干粉等灭火剂，不能用水或泡沫灭火剂。

3. 灭火同时应向消防部门报告。

电线断落时的处置方法

发现电线断落在地上，不能直接用手去拣。派人看守，不要让人、车靠近，特别是高压导线断落在地上时，应远离其 8 米范围以外，并立即通知电工或供电部门来处理。

燃气事故

城市燃气已进入千家万户，使用城市燃气既方便又干净，给生活带来方便，很受用户欢迎。在空气流通不畅的室内使用燃气热水器，随意拆改室内燃气设施，以及在燃气调压站、调压箱、燃气井盖附近使用明火、燃放烟花爆竹，容易引起煤气中毒、火灾和爆炸等严重事故。

燃气事故的预防

1. 使用任何燃气，都要保持室内空气流通。

2. 时常用肥皂水刷沾燃气的管道接口处、开关、软管、阀门，观察有无气泡产生，检查燃气是否泄漏。

3. 正确使用煤气和燃气器具，注意气体是否处在完全燃烧状态。若产生红色火焰，说明燃烧不完全，产生的一氧化碳较多，这时一定要开窗通风；若产生蓝色火焰，说明燃烧较完全，产生的一氧化碳较少。

4. 停止使用燃气或临睡前对燃气具进行检查，关闭灶前阀（或角阀）和灶具旋塞阀，防止漏气。

5. 不要私自拆、改、移燃气设施，要定期检查气罐皮带是否老化。

6. 严禁将燃气罐卧放使用，也不可以用热水淋浇燃气罐，或将燃气罐放在热水盆内使用。

7. 儿童一定要管严，不准玩弄燃气灶。

8. 不要用燃气直接取暖。由于燃气在使用中不可能完全燃烧，若用燃气直接取暖，不仅浪费燃气，而且废气存留在房间内，很容易造成中毒事故。

9. 液化气罐中的残渣不能随意处理，以免引起火灾。

用信誉好、服务好的瓶装液化气充装单位提供的气瓶和气体。

10. 燃气使用过程中绝对不能离人。使用燃气灶时，火焰一定要调好，不能让火苗乱飘摇。

11. 不要占压公共区域的地下燃气管道。不要在燃气管道地上附属燃气设施周边使用明火或燃放鞭炮。

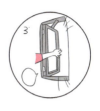

煤气罐漏气，应保持冷静，立即关闭煤气阀门，需要特别注意的是严禁在室内开启各种电器设备，如开灯、打电话等，以免引起燃烧和爆炸。其次要进行通风换气，打开门窗，切忌开启排气扇，以免引燃室内混合气体。随后到室外拨打当地燃气抢修电话或119报警电话。

燃气事故的应急要点

1.发现燃气泄漏时，应立即切断气源，迅速打开门窗通风换气。但动作应轻缓，避免金属猛烈摩擦产生火花，引起爆炸。

2.燃气泄漏时，严禁携带明火，不要开启或关闭任何电器设备（包括门铃、电灯），不要打开抽油烟机或排风扇排风，不要在充满燃气的房间内使用固定或移动电话，不要用钥匙开门，以免产生火花，引发爆炸。

3.燃气泄漏时，不要在室内停留，以防窒息、中毒。

4.液化气罐着火时，应迅速用浸湿的毛巾、被褥、衣物扑压，并立即关闭液化气罐阀门。火焰扑灭后，如果阀门失灵，可用湿毛巾、肥皂等将漏气处堵住，将液化气罐迅速搬到室外空旷处，等待专业人员到场处理。

5.居民无论在何地发现煤气泄漏和由此引发的火灾或爆炸，均应在安全区域及时拨打110、119报警电话，并向燃气管理部门报告火场情况。

气体泄漏不可开启或关闭电源开关

煤气罐漏气，应保持冷静，立即关闭煤气阀门，需要特别注意的是严禁在室内开启各种电器设备，如开灯、打电话等，以免引起燃烧和爆炸。

燃气发生泄漏的原因主要有:

①使用不当,未按规程用气。

②私自改装和移动燃气设施造成泄漏。

③忘记关闭燃气开关。

④燃气表壳开裂或敲击损坏漏气。

⑤燃气胶管老化或脱落漏气。

老鼠咬坏软管,燃气泄漏造成爆燃事故

某用户因燃气灶接软管过长,堕在厨柜底部,被老鼠咬断,造成天然气泄漏。用户在使用燃气灶时引发燃气爆炸,一人被烧伤。

私自违规安装热水器造成燃气爆炸

深圳某城中村曾发生一起因用户违规私自安装热水器,将硬质铝塑管直接插入燃气接头(铝塑管应使用专用接头连接)。由于铝塑管与燃气接头直径不一,形成环形缝隙,造成热水器燃气接头泄漏,引发燃气爆炸,造成一人烧伤,厨房、卫生间物品被严重损坏。

室内空气不流通造成一氧化碳中毒

某天然气用户因天气寒冷,将通向室外的门窗紧闭,造成室内空气不流通。当时,母女俩在客厅烤火、看电视,其丈夫在浴室洗澡。燃气燃烧时所产生的废气和有毒气体(一氧化碳),无法及时排出室外,造成该用户一家三口一氧化碳中毒死亡。

使用燃气设备时人员离岗,造成事故

某校学生食堂因炊事员使用燃气设备时人员离岗长达2小时,燃气软管被火焰烤化造成燃气泄漏,引发燃气爆炸事故。炉膛内的火焰引发燃气发生爆炸,将厨房内的厨具、灯具、水管、电线、顶棚、土灶等不同程度损毁。

水管爆裂事故

自来水厂出现运行故障、给配水管道发生爆裂，以及自然灾害、外力破坏、自然损坏等原因，均可造成管网爆裂、水质污染等事故。水管爆裂后，不仅会损失宝贵的水资源，造成局部停水，还会引发道路塌陷等其他灾害。

水管爆裂的应急方法

1. 如果水管爆裂情况严重，可以用毛巾包裹住水管的破裂部分，这样既可以阻止水流四处喷射，也可以将水流引入放置好的水桶中，以免造成巨大浪费。同时还可关闭住户内总水管的阀门，完全截留屋内的自来水供应。

2. 用修补水管的专用胶布捆住水管的损毁部分。

3. 水管爆裂后漏水多少，一般与管内的水压高低有直接关系。无论水是滴漏还是喷涌而出，此时最应做的就是立刻关闭该供水管的阀门，并报修当地的物业部门。

4. 另外也可以用玻璃纤维胶布或环气树脂黏剂修补水管的裂缝。

温馨提醒

◇发现供水管网停水、跑水等事故时，应及时向供水单位报告抢修，减少水资源流失。

◇如发生自来水水质浑浊、变色、有异味时应停止饮用，并报告管理处或供水部门。

◇停水后，应立即关好水龙头，防止来水后造成跑水事故。如有水压突然降低时，可用家用洁净容器蓄存水，以备应急之需。

◇发生爆管事故后，爆管、跑水现场附近的人员、车辆应立即撤离事故区低洼处，防止积水淹泡造成损失。

◇行人车辆要远离抢修现场，防止因土质松软、水土流失导致空洞或地面塌陷，造成伤害。

◇来水后，需打开水龙头适当放水，待管道内的残水及杂质冲放干净后再使用。

装修污染事故

装修污染的来源很多，其中有相当一部分是由于装修过程中所使用的材料不当造成的，包括甲醛、氨、苯等挥发性有机物气体。因此在装修过程中应尽量选择有机污染物含量比较少的材料。

装修污染体现

◇每天清晨起床时，感到憋闷、恶心、甚至头晕目眩。

◇家里人经常容易患感冒。

◇虽然不吸烟，也很少接触吸烟环境，但是经常感到嗓子不舒服，有异物感，呼吸不畅。

◇家里小孩常咳嗽、打喷嚏、免疫力下降，新装修的房子孩子不愿意回家。

◇家人常有皮肤过敏等毛病，且是群发性的。

◇家人共有一种疾病，而且离开这个环境后，症状就有明显变化和好转。

◇新婚夫妇长时间不怀孕，查不出原因。

◇孕妇在正常怀孕情况下发现胎儿畸形。

◇新搬家或新装修后，室内植物不易成活，叶子容易发黄、枯萎，特别是一些生命力较强的植物也难以正常生长。

◇新搬家后，家养的宠物猫、狗或者热带鱼莫名其妙地死掉，而且邻居家也是这样。

◇一上班感觉喉疼，呼吸道发干，时间长了头晕，容易疲劳，下班以后就没有问题了，而且同楼其他工作人员也有这种感觉。

◇新装修的家庭和写字楼的房间或者新买的家具有刺眼、刺鼻等刺激性异味，而且超过一年仍然气味不散。

如何检测装修污染

1. 自行检测

由于甲醛、氨对嗅觉有刺激性，因此用鼻子闻就可以在一定程度上判断污染程度。例如，甲醛超标1倍，就会有轻微异味；超标5倍，会有明显异味，待10分钟以上就鼻子、嗓子难受，眼睛痒；超标20倍，会流眼泪、刺鼻、咳嗽；超标20倍以上，呼吸困难、呼吸道损伤。其次是动植物法，摆在室内的大叶绿色植物在一周内卷边，叶边泛黄，并逐渐枯萎，则室内的甲醛超标 2 倍。最后用浅盆养小金鱼，如一周内死亡，则室内甲醛浓度至少超标 3~5 倍。

2. 找专门的检测单位

检测前的准备工作，须在装修完成自然通风 7 天后进行各项检测。氨、甲醛、苯、总挥发性有机物 TVOC 浓度检测，应在门窗关闭 1 小时后立即进行。氡浓度检测时，应在外门窗关闭 24 小时后进行。

装修污染的解决办法

如今各类室内空气污染治理多如牛毛，数不胜数。但从技术方面主要分为两大类：以活性炭为主的物理吸附和臭氧发生器、光触媒技术、甲醛喷雾剂、植物提取液等为主的化学祛除。

1. 竹炭、活性炭吸附法

竹炭、活性炭是国际公认的吸毒能手，活性炭口罩、防毒面具都使用活性炭。竹炭是近几年才发现的一种比一般木炭吸附能力强 2~3 倍的吸附有害物质的新型环保材料。竹炭的特点：物理吸附，吸附彻底，不易造成二次污染。

2. 通风法去除装修污染

通过室内空气的流通，可以降低室内空气中有害物质的含量，从而减少此类物质对人体的危害。冬天，人们常常紧闭门窗，室内外空气不能流通，不仅室内空气中甲醛的含量会增加，氡气也会不断积累，甚至达到很高的浓度。

3. 植物除味法

中低度污染可选择植物去污：一般室内环境污染在轻度和中度污染、污染值在国家标准 3 倍以下的环境，采用植物净化能达到比较好的效果。

4. 化学法去除甲醛

活性炭属物理吸附，很安全，虽对人体无害，但只是治标不治本，而喷剂可以直接针对污染源作用，能从根源上消除污染。需要注意的是喷剂容易形成二次污染，购买时请仔细鉴别。

5. 纯中草药喷剂

主要采用金银花、霍香、贯众、苍术、板蓝根等天然中草药萃取液抗菌、净化空气、去除装修污染及产生负离子的功能材料精制而成。

危险化学品事故

危险化学品是指具有易燃、易爆、有毒、有害及有腐蚀特性，会对人员、环境造成伤害或损害的化学品。泄漏时通常会令人眼睛刺痛、流泪、头晕恶心、刺伤或感染皮肤、胸闷和呼吸困难等，严重者可导致死亡。

危险化学品事故的防护常识

◇了解自己所使用的化学危险品的特性，不盲目操作，不违章使用。

◇妥善保管好单位或家庭使用的化学危险品。如标签完整、密封保存；避光避热，远离火种；居室内不要存放汽油、农药等化学毒物；避免幼童接触，防止误食。

◇乘坐车船、飞机时，不携带化学危险品。

◇如果在室内或者相对封闭的场合中闻到浓度较高的异样气味时，要及时打开门窗通风排气，严禁开关电器用具，杜绝各类火种。

危险化学品事故的防护措施

1. 一旦发生危险化学品事故，就要迅速采用各种器材保护自己。可以用防毒面具、湿口罩、湿毛巾等保护呼吸道；用雨衣、手套、雨靴等保护皮肤；用防毒眼镜、游泳潜

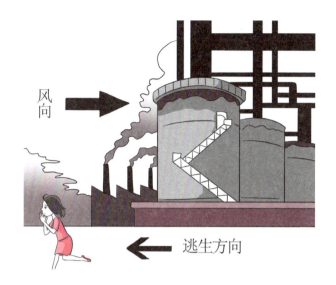

风向

逃生方向

水眼镜、开口透明塑料袋等保护眼睛。

2. 不到事故现场围观，而应迅速向上风方向转移到安全地区。有条件的可进入有滤毒通风设施和人防工程内。

3. 迅速撤离事故现场，若来不及撤离时，应在结构较好的建筑物内关闭门窗、通风机、空调机、熄火，堵住明显的缝隙，尽可能躲在背风、无门窗的地方，同时用电话等方式向外发出求救信号。

4. 离开染毒区后要脱去污染衣物，及时进行洗消，必要时去医院检查。

家庭化学品中毒的紧急处理

1. 发胶：眼睛、皮肤接触可用大量清水冲洗，出现中毒症状者到医院就诊。过敏者避免继续使用。

2. 润肤品：误食不含溴酸盐、硼砂的冷霜类化妆品无须处理。若摄入含有溴酸盐、硼砂的化妆品，应口服催吐药物或人工催吐，催吐后口服牛奶。出现中毒表现者到医院治疗。

3. 空气清新剂：皮肤接触后要立即用肥皂和凉水彻底清洗。口服者可口服催吐药物或手动催吐，3小时内不要口服牛奶和含脂肪高的食物。出现中毒症状者要及时到医院治疗。

4. 餐具、果蔬洗涤剂：溅入眼睛后，要及时用清水冲洗。误服者可给服牛奶或温开水，无需催吐。

施工事故

施工事故是指在工地施工时所发生的高处坠落、机械伤害、物体打击等造成严重的人身伤亡事故。那么，怎样才能预防此类事故的发生呢？

如何预防建筑施工中的高处坠落

高处坠落事故频发，虽然在客观上与建筑施工高处作业多的特点有直接关系，但事故的主要原因却是防护设施和个人防护不当所导致，其中作业人员违章作业是引发事故的第一原因。因此，员工要自觉接受并参加各类安全知识教育培训，不断增强自我保护意识，强化安全防护用品使用意识。

1.作业前：要认真检查个人安全防护用品，安全帽是否有裂痕、碰伤、磨损等，安全带上的保护套是否完好，绳带有无断股、变质，并正确系挂等；了解作业过程中的技术要领，做好作业现场的安全检查。

2.作业中：严格按要求用好安全"三宝"（安全帽、安全带、安全网），安全帽要戴正系牢，安全带的钩、环要挂牢，卡子要扣紧，挂绳不得打结，挂钩不得直接挂在绳上，必须挂在圆环上，并高挂低用。严格遵守施工规范和各项制度，自觉接近安全管理人员的监督与检查，主动配合安全管理人员对安全防护设施的巡查，共同做好对"四口、五临边"检查防护，发现隐患及时报告，并确认消除隐患后方可继续作业。工间休息期间，不可随意乱扔、乱摔安全帽，或垫坐在上面，安全带不得拖落在地上，或弄脏弄潮。

3.作业后：认真清理现场，工具器械归放到位，个人防护用品认真检查有无破损等，并保持清洁，放置于通风阴凉之处。两个班次作业的，认真做好交接工作。

高处作业需要注意的事项

◇凡身体不适合从事高处作业的人员不得从事高处作业。从事高处作业的人员要按规定进行体检和定期体检。

◇严禁穿硬塑料底等易滑鞋、高跟鞋。

◇作业人员严禁互相打闹，以免失足发生坠落危险。

◇不得攀爬脚手架。

◇进行悬空作业时，应有牢靠的立足点并正确系挂安全带。

◇边坡上部周边、基坑周边等，必须设置 1.2 米高且能承受任何方向的 1000 牛外力的临时护栏，护栏围密目式（2000 目）安全网。

◇边长大于 250 毫米的边长预留洞口采用贯穿于混凝土板内的钢筋构成防护网，面用木板作盖板加砂浆封固；边长大于 1500 毫米的洞口，四周设置防护栏杆并围密目式（2000 目）安全网，洞口下张挂安全平网。

◇各种架子搭好后，项目经理必须组织架子工和使用的班组共同检查验收，验收合格后，方准上架操作。使用时，特别是台风暴雨后，要检查架子是否稳固，发现问题及时加固，确保使用安全。

◇施工使用的临时梯子要牢固，踏步 300~400 毫米，与地面角度成 60°~70°，梯脚要有防滑措施，顶端捆扎牢固或设专人扶梯。

建筑机械伤害的防范

建筑机械的作业对象以砂、石、土、混凝土、砂浆及其他建筑材料为主。工作时受力复杂，载荷变化大，建筑机械腐蚀大，磨损严重。加上施工机械场地和操作人员的流动性都比较大，由此引起安装质量、维修质量、操作水平变化也比较大，直接影响到整个建筑施工的安全。因此，机械操作人员必须实行先培训后上岗，不培训不上岗，特殊中途工种须持证上岗。同时还应经常对操作人员开展各种形式的安全教育与培训，以提高他们的安全意识和操作技能。

1. 作业前：按规定配戴好劳动安全防护用品，认真检查各类安全防护装置是否齐全有效、灵敏可靠。如塔式起重机的高度、力矩、重量限制器等。并按作业要求，清理作业现场。

2. 作业中：必须严格按操作规程作业。起重作业时，应辨明信号，服从指挥，不得在起重物件就位固定前，离开岗位，不得在索具受力或被吊物悬空的情况下中断工作，不得斜拉斜吊，不起吊不明重量或半掩埋地面、连挂于其他物件的吊物，绝对禁止人随物件一起吊运。土方作业时，不得将机械停靠沟边。使用钢筋切断机时，应握紧钢筋，冲切刀片向后退时，将钢筋送入刀口，切短料时应用钳子送料。使用弯曲机弯曲钢筋时，必须先将钢筋调直，加工较长的钢筋，需有人扶稳钢筋，且两人运作要协调一致，不得任意拉拽。使用搅拌机时，严禁在料斗下工作或穿行，清理斗坑时，应将料斗双保险钩挂牢后方可清理；不得在运转中用工具伸入搅拌筒扒料或清理卡料。设备运行中，操作人员不得离开岗位；运行中发现有异常情况时，应立即停机进行检修；严禁任何人员违章操作设备。

3. 作业后：关闭设备开关及设备接线的分开关，使设备处于断电状态，后清理作业现场。

施工事故的应急处理

当发生施工事故后，抢救的重点放在对休克、骨折和出血上进行处理。

1. 发生施工事故时，应马上组织抢救伤者，首先观察伤者的受伤情况、部位、伤害性质，如伤员发生休克，应先处理休克。遇呼吸、心跳停止者，应立即进行人工呼吸、胸外心脏挤压。处于休克状态的伤员要让其安静、保暖、平卧、少动，并将下肢抬高约20°左右，尽快送医院进行抢救治疗。

2. 出现颅脑损伤，必须维持呼吸道通畅。昏迷者应平卧，面部转向一侧，以防舌根下坠或分泌物、呕吐物吸入，发生喉阻塞。有骨折者，应初步固定后再搬运。遇有凹陷骨折、严重的颅底骨折及严重的脑损伤症状出现，创伤处用消毒的纱布或清洁布等覆盖伤口，用绷带或布条包扎后，及时送就近有条件的医院治疗。

3. 发现脊椎受伤者，创伤处用消毒的纱布或清洁布等覆盖伤口，用绷带或布条包扎。搬运时，将伤者平卧放在帆布担架或硬板上，以免受伤的脊椎移位、断裂造成截瘫，招致死亡。抢救脊椎受伤者，搬运过程，严禁只抬伤者的两肩与两腿或单肩背运。

4. 发现伤者手足骨折，不要盲目搬动伤者。应在骨折部位用夹板把受伤位置临时固定，使断端不再移位或刺伤肌肉、神经或血管。固定方法: 以固定骨折处上下关节为原则，可就地取材，用木板、竹板等，在无材料的情况下，上肢可固定在身侧，下肢与腱侧下肢缚在一起。

5. 遇有创伤性出血的伤员，应迅速包扎止血，使伤员保持在头低脚高的卧位，并注意保暖。

6. 一般伤口小的止血法: 先用生理盐水（0.9%NacI溶液）冲洗伤口，涂上红汞水，然后盖上消毒纱布，用绷带较紧地包扎。

7. 加压包扎止血法: 用纱布、棉花等作成软垫，放在伤口上再加包扎，来增强压力而达到止血。

8. 止血带止血法: 选择弹性好的橡皮管、橡皮带或三角巾、毛巾、带状布条等，上肢出血结扎在上臂上 1/2 处（靠近心脏位置），下肢出血结扎在大腿上 1/3 处（靠近心脏位置）。结扎时，在止血带与皮肤之间垫上消毒纱布棉垫。每隔25~40分钟放松一次，每次放松 0.5~1 分钟。

9. 动用最快的交通工具或其他措施，及时把伤者送往邻近医院抢救，运送途中应尽量减少颠簸。同时，密切注意伤者的呼吸、脉搏、血压及伤口的情况。

高处坠落事故

2002年2月某日，某电厂5、6号机组续建工程现场，屋面压型钢板安装班组5名工人张×、罗××、贺××、刘××、代××在6号主厂房屋面板安装压型钢板。在施工中未按要求对压型钢板进行锚固，即向外安装钢板，在安装推动过程中，压型钢板两端（张×、罗××、贺××在一端，刘××、代××在另一端）用力不均，致使钢板一侧突然向外滑移，带动张×、罗××、贺××3人失稳坠落至三层平台死亡，坠落高度19.4米。

直接原因：

1. 临边高处悬空作业，不系安全带。

2. 违反施工工艺和施工组织设计要求进行施工。根据施工组织设计要求，铺设压型钢板一块后，应首先进行固定，再进行翻板，而实际施工中既未固定第一张板，也未翻板，而是采取平推钢板，由于推力不均从而失稳坠落。

3. 施工作业面下无水平防护（安全平网），缺乏有效的防坠落措施。

机械伤害事故

2002年2月某日，在上海某基础公司总承包、某建设分承包公司分包的轨道交通某车站工程工地上，分承包单位进行桩基旋喷加固施工。上午5时30分左右，1号桩机（井架式旋喷桩机）机操工王某，辅助工冯某、孙某三人在C8号旋喷桩桩基施工时，辅助工孙某发现桩机框架上部6米处油管接头漏油，在未停机的情况下，由地面爬至框架上部去排除油管漏油故障。由于天雨湿滑，孙某爬上机架后不慎身体滑落框架内档，被正在提升的内压铁挤压受伤，事故发生后，地面施工人员立即爬上桩架将孙某救下，并送往医院急救，经抢救无效孙某于当日7时死亡。

事故主要原因：

辅工孙某在未停机的状态下，擅自爬上机架排除油管漏油故障，因天雨湿滑，身体滑落井架式桩机框架内档，被正在提升的动力头压铁挤压致死。孙某违章操作，是造成本次事故的直接原因。

间接原因：

1. 机操工王某，作为C8号旋喷桩机的机长，未能及时发现异常情况并采取相应措施。

2. 总承包单位对分承包单位日常安全监控不力，安全教育深度不够，并且对分承包单位施工超时作业未及时制止，对分承包队伍现场监督管理存在薄弱环节。

第五章 公共卫生事件

公共卫生事件是指突然发生，

造成或者可能造成社会公众健康损害的，

如重大传染病疫情、群体性不明原因疾病、重

大食物和职业中毒以及其他严重影响公众健康

的事件。

所以，

我们应当学习一些基本的应对方法，

以便在遇到此类事件时，

能够沉着应对。

当然，最重要的还是预防第一，

避免事故的发生。

农药中毒

大量接触或误服农药，会出现头晕、头痛、浑身无力、多汗、恶心、呕吐、肚子疼、腹泻、胸闷、呼吸困难等症状。重者还会有瞳孔缩小、昏睡、四肢颤抖、肌肉抽搐、口中有金属味等症状。

应急要点

1. 迅速把病人转移至有毒环境的上风方向通风处。

2. 立即脱去被污染的衣物，用微温（忌用热水，以免加剧损伤）的肥皂水、稀释碱水反复冲洗体表10分钟以上（敌百虫中毒用清水冲洗）。

3. 眼睛被溅入药液或撒进药粉的，应立即用大量清水冲洗。冲洗时把眼睑撑开，一般要冲洗15分钟以上。清洗后，用干净的布或毛巾遮住眼睛休息。

4. 昏迷的中毒者出现频繁呕吐时，救护者要将其头部放低，并偏向一侧，以防止呕吐物阻塞呼吸道引起窒息。

5. 中毒者呼吸、心跳停止时，要立即在现场施行人工呼吸和胸外心脏按压，待恢复呼吸心跳后，再送医院治疗。

◇在农药生产车间等人员聚集的地方发生中毒事故时，救助者应戴好防毒面具后再进入现场。

◇尽可能向医务人员提供引起中毒的农药的名称、剂型、浓度等。

◇施洒农药时，人员应站在上风方向。

◇盛放农药的瓶子应放在儿童不易拿到的隐蔽处。

少年服毒自杀事件

2010年5月，兰州市一位14岁的少年因考试成绩不好、学习压力太大，加上在家里又受到父母的责备，一时想不开，拿起家里的一瓶敌敌畏就灌了三大口。起初，他真的不想活了，可药一下肚，他感到了死亡的可怕，求生的本能又使他赶紧抓起了电话，拨通了"120"。当班医生听后也非常着急，医生即使马上出发，到达孩子那里也需要一段时间，为了给救治抢得时间，医生一面派救护车赶往现场，一面在电话里教给孩子自救的方法。医生让孩子安静下来，不要做剧烈运动，并且大量地喝水，然后吐出，再喝水，再吐出。其实这种方法是让病人自行催吐、洗胃。待医生赶到时，孩子果然做得不错，经医院抢救，终于脱离了危险。

登革热

登革热是由登革热病毒引起、依蚊传播的一种急性传染病，病人和隐性感染者是主要传染源。

症状

高热，全身肌肉、骨骼及关节疼痛，极度疲乏，部分病人可有皮疹、出血倾向和淋巴结肿大。潜伏期通常为 3~15 天。

应对措施

1. 及时到当地医疗机构就诊。

2. 流行季节尽量避免到登革热流行地区旅游。

3. 搞好室内外环境卫生，做好防蚊灭蚊工作。

护理

1. 心理指导：本病发病突然，重型患者症状明显，患者及家属对疾病认识不足，从而产生紧张、焦虑的情绪，可介绍疾病的基本知识，如主要临床表现、治疗措施，并告知本病普遍预后良好等，以消除顾虑，安心配合治疗，医护人员在施行医疗、护理措施时表现沉着、冷静，以增强患者治愈疾病的信心。

2. 指导休息与活动：早期患者宜卧床休息，恢复期的患者也不宜过早活动，当体温正常、血小板计数恢复正常、无出血倾向时方可适当活动。

3. 密切观察生命体征：严密观察心率、血压、体温及出血情况等。

4. 发热的护理：高热以物理降温为主，不宜全身使用冰袋，以防受凉发生并发症，但可头置冰袋或冰槽，以保护脑细胞，对出血症状明显者应避免酒精擦浴，必要时药物降温，降温速度不宜过快，一般降至 38℃ 时不再采取降温措施。

5. 皮肤护理：出现淤斑、皮疹时常伴有瘙痒、灼热感，提醒患者勿搔抓，以免抓破皮肤引起感染，可采用冰敷或冷毛巾湿敷，使局部血管收缩，减轻不适，避免穿紧身衣。有出血倾向者，静脉穿刺选用小号针头，并选择粗、直静脉，力求一次成功，注射结束后局部按压至少 5 分钟，液体外渗时禁止热敷。

6. 饮食护理：给予高蛋白、高维生素、高糖、易消化吸收的流质、半流饮食，如牛奶、肉汤、鸡汤等，嘱患者多饮水，对腹泻、频繁呕吐、不能进食、潜在血容量不足的患者，可静脉补液。

流行性感冒

　　流感病毒可通过唾液飞沫、鼻涕、痰液在空气中传播。流感传染性强，发病快，症状重，与普通感冒相比，流感病人多表现为高烧（38℃以上）、浑身酸痛、头痛明显，而咳嗽、流鼻涕则较轻。流感对老年人、儿童、孕妇和体弱多病者危害极大。

应对措施

　　1. 有流感症状时，要及时去医院治疗，切勿带病上班或上课，以免传染他人。

　　2. 流感病人要注意多休息、多喝水。

　　3. 流感病人应与家人分开吃住。

　　4. 流感病人的擤鼻涕纸和吐痰纸要包好，扔进加盖的垃圾桶，或直接扔进抽水马桶用水冲走。

流行性感冒的预防

　　1. 平时要注意保持室内通风，即使在冬季，每天也要开窗通风 3 次以上，每次至少10~15 分钟。家用空调在每年使用前要清洗空气过滤网，确保换气清洁。

　　2. 不要随地吐痰，打喷嚏或咳嗽时要用纸巾捂住口鼻。

　　3. 合理安排作息时间，生活有规律，保证充足睡眠，避免过度劳累导致抵抗力下降，从而增加患病机会。

　　4. 流感流行时，应尽量少去商场、影剧院等人员密集的公共场所，必须出门时，应戴口罩。

　　5. 每年 9 月、11 月份接种流感疫苗，是预防流感的最好方法。

禽流感

　　高致病性禽流感是在鸡、鸭、鹅等禽类之间传播的急性传染病。在特殊情况下禽流感可以感染人类，称人感染高致病性禽流感。病人早期症状与其他流行性感冒非常相似，主要表现为发烧、鼻塞、流鼻涕、咳嗽、嗓子疼、头痛、全身不舒服。一旦引起肺炎，有可能导致病人死亡。

禽流感的应对措施

　　1. 接触禽类后，出现上述症状应及时到当地医院就诊。

　　2. 发现鸡、鸭、鸽子等禽鸟突然大量发病或不明原因死亡，应尽快报告动物防疫部门，并配合防疫人员做好调查、现场消毒、现场采样、病禽扑杀和疫苗接种等工作。

　　3. 进出禽流感发生地区时，应做好必要防护。

禽流感的预防

　　1. 加工食品时，应生熟分开，烹制必须熟透，不吃生的或半生的禽肉、禽蛋，不吃病死禽肉，野生禽类可能会感染、传播禽流感，不要吃野生禽类。

　　2. 多吃橘子等富含维生素C的食品，可以增强抗病能力。

　　3. 尽量避免接触异常死亡的禽类。

　　4. 饲养野禽、鸽子等禽类，须对笼、舍定期消毒，不混养鸡、鸭、鹅等，防止家禽与野生禽鸟接触。

防疫人员对病禽扑杀。

狂犬病

人被带有狂犬病病毒的狗、猫咬伤、抓伤后，会引起狂犬病，一旦发病，无法救治，几乎100%死亡。狂犬病的典型症状是发烧、头痛、怕水、怕风、四肢抽筋等。

狂犬病的应对措施

1. 被宠物咬伤、抓伤后，首先要挤出污血，用肥皂水反复冲洗伤口，然后用清水冲洗干净，冲洗伤口至少要20分钟。最后涂擦浓度75%的酒精（药店有售）或者2%~5%的碘酒（药店有售）。只要未大量出血，切记不要包扎伤口。

2. 尽快到市疾病预防控制中心或各区（县）卫生防病站的狂犬病免疫预防门诊接种狂犬病疫苗。第一次注射狂犬病疫苗的最佳时间是被咬伤后的24小时内。

3. 如果一处或多处皮肤被咬穿，伤口被犬的唾液污染，必须立刻注射疫苗和抗狂犬病血清。

4. 将攻击人的宠物暂时单独隔离，尽快带到附近的动物医院诊断，并向动物防疫部门报告。

被宠物咬伤、抓伤后，必须立刻注射疫苗和抗狂犬病血清。

温馨提醒
◇养犬人有义务按照规定为犬接种疫苗。
◇发现宠物没有精神、喜卧暗处、唾液增多、行走摇晃、攻击人畜、怕水等症状，要立即送往附近的动物医院或乡镇兽医站诊断。
◇人被犬攻击并咬伤，应立即向当地公安部门报告。

病毒性肝炎

病毒性肝炎是由肝炎病毒感染引起的疾病。目前已确定的肝炎病毒有甲型肝炎病毒、乙型肝炎病毒、丙型肝炎病毒、丁型肝炎病毒及戊型肝炎病毒五种。病毒性肝炎的主要症状是身体疲乏、食欲减退、恶心、腹胀，部分病人出现皮肤和白眼球发黄等症状。

病毒性肝炎的应对措施

1. 出现上述症状时，应立即到医院就诊，并根据病情的需要进行隔离。

2. 对肝炎病人用过的餐具要消毒，在开水中煮 15 分钟以上。不要与肝炎病人共用生活用品，对其接触过的公共物品和生活物品要在疾病预防控制人员的指导下进行消毒。如果与肝炎病人共用同一个厕所，要用漂白粉消毒便池。

3. 不要与乙型、丙型、丁型肝炎病人及病毒携带者共用剃刀、牙具；与乙肝病人发生性关系时，要使用避孕套或提前接种乙肝疫苗。

4. 食品加工和销售、水源管理、托幼保教等工作岗位，不得聘用肝炎病人或病毒携带者。

病毒性肝炎的预防

1. 养成用流动水勤洗手的好习惯。

2. 生熟食物要分开放置和储存，避免熟食受到污染。

3. 食用毛蚶、牡蛎、螃蟹等水产品，须加工至熟透再吃。

4. 生吃瓜果蔬菜要洗净。

5. 不输入未经严格检验的血液和血制品；不去街头拔牙、耳垂穿孔、文身等。医生、护士打针要一人一管一消毒。

6. 预防甲型和乙型肝炎的最好方法是接种疫苗。

患者的饮食注意事项

病毒性肝炎患者宜三分治七分养，保养在疾病的康复过程中起着重要作用。而食疗是最常见的保养方式。饮食以合乎患者口味、易消化的清淡食物为宜，应保持适量脂肪的供给，补充适量的蛋白质，蛋白质摄入争取达到每日 1~1.5 克 / 千克，适当补充维生素 B 族和 C，进食量过少时可以静脉补充葡萄糖及维生素 C，不强调高糖及低脂肪饮食。

红眼病

红眼病是由病毒引起的传染性很强的眼病。主要症状是眼部充血肿胀（红眼）、眼痛、有异物感、眼屎多。主要通过接触被病人眼屎或泪水污染的物品（毛巾、手帕、脸盆、水等）而被传染。

红眼病的应对措施

1. 患上红眼病应及时到医院治疗。病人所有生活用具应单独使用，最好能洗净晒干后再用。

2. 病人使用的毛巾，要用蒸煮 15 分钟的方法进行消毒。

3. 病人尽量不要去人群聚集的商场、游泳池、公共浴池、工作单位等公共场所，以免传染他人。

4. 病人应少看电视，防止引起眼睛疲劳而加重病情。

红眼病的预防

1. 为预防红眼病，流行期外出时应携带消毒纸巾（一般超市有售）。不用他人的毛巾擦手、擦脸。回家、回单位时，应使用流动的水洗手、洗脸。

2. 养成不用脏手揉眼睛的习惯。

3. 尽量不去卫生状况不好的美容美发店、游泳池，防止被传染红眼病。

4. 滴眼药水预防效果不确切，不要用于集体预防。

红眼病的预防很重要。

肺结核

肺结核病，主要通过病人咳嗽、打喷嚏或大声说话时喷出的飞沫传播给他人。肺结核病的主要症状有咳嗽、咳痰、痰中带血、低烧、夜间盗汗、疲乏无力、体重减轻等。

健康人怎样预防结核

1. 外出戴口罩

在遇有风、有粉尘天气时请戴上一次性口罩，可减少粉尘对肺的污染，也可减少一次性吸入结核菌的数量，从而减少感染结核菌的可能性。

2. 房间对流通风

每天上午和下午把门窗全部打开各通风半小时，以降低室内导致人得病菌的数量。

3. 适度休息

干工作绝不过分，觉得累一定要休息停下来，不能有再坚持一下、干完再休息的想法。休息一下，工作效率会更高。

4. 多些户外活动

每天晚饭半小时后，争取能到室外散步 40 分钟以上。

5. 避开可能的传染性结核病人

在任何地方遇有不戴口罩咳嗽的病人，应尽量多绕点路走过去。避开可能的结核病菌的感染机会。

肺结核的应对措施

1. 与肺结核病人密切接触者，要及时到结核病防治专业机构进行检查，尽可能做到早期发现、早期治疗，减少结核菌的传播。

2. 肺结核病人应在医生的直接观察下坚持吃药，至少要连续吃药 6 个月以上，直到完全治好，不能间断。

3. 肺结核病人应该注意补充营养，禁止吸烟饮酒。

温馨提醒

◇肺结核病人接受正规药物治疗 2~3 个星期后，一般就没有传染性了。痰中没有查出结核杆菌的肺结核病人，可以参加正常的社会活动。

◇要养成良好的卫生习惯：不随地吐痰、保持人口密集场所的通风和环境卫生、锻炼身体增强体质等，预防结核病的发生。

艾滋病

艾滋病是由艾滋病病毒引起的，这种病毒破坏人的免疫系统，使人体丧失抵抗力，从而发生多种感染和肿瘤，最终死亡。病毒可通过性、血液及母婴三种方式传播。

艾滋病的传播途径

1. 血液传播

通过使用被艾滋病病毒污染的血液制品或血液（包括卖血球、血浆者在内），使艾滋病病毒直接进入健康人体内。

2. 母婴传播

又称"垂直传播"。患有艾滋病或携带有艾滋病病毒的孕妇，能通过胎盘将艾滋病病毒直接传染给胎儿，通过产道和产后哺乳也能感染新生儿。

3. 性接触

艾滋病人或者艾滋病毒携带者与健康人发生性行为（包括口腔黏膜破损时深吻等），通过体液将病毒传染给健康人。

艾滋病的应对措施

1. 与别人共用针管（头）或与异性发生性行为时没戴安全套者，要及时到各级疾病预防控制部门的性病、艾滋病科做检查。

2. 艾滋病感染者要配合专业人员做好相关调查。

3. 感染艾滋病的妇女要慎重怀孕，避免母亲直接传染给孩子。

对不起，剃须刀不能借你用。

艾滋病的预防

1. 洁身自爱，不去非法采血站卖血，不涉足色情场所，不要轻率地进出某些娱乐场所；任何场合都应保持强烈的预防艾滋病意识；不要存在任何侥幸心理；不要因好奇而尝试吸毒。

2. 正确使用避孕套不仅能避孕，还能减少感染艾滋病、性病的危险。

3. 生病时要到正规的诊所、医院求治，注意输血安全，不到医疗器械消毒不可靠的医疗单位特别是个体诊所打针、拔牙、针灸、手术。不用未消毒的器具穿耳孔、文身、美容。

4. 不与他人共用剃须刀、牙刷等，尽量避免接触他人体液、血液，对被他人污染过的物品要及时消毒。

5. 给艾滋病病人采血及注射时，注射器应采用一次性用品，病人的血液、排泄物、污染的物品应进行彻底焚烧。

6. 及早治疗并治愈性病可减少感染艾滋病的危险。正规医院能提供正规、保密的检查、诊断、治疗和咨询服务，必要时可借助当地性病、艾滋病热线进行咨询。

身边的人感染了艾滋病怎么办

1. 不应该歧视艾滋病患者，应在精神上给予鼓励，让其积极配合医生治疗，战胜病魔，同时让其注意自己的行为，避免将病毒传染给他人。

2. 不必视艾滋病患者为洪水猛兽而退避三舍，因为艾滋病病毒不能通过空气、一般的社交接触或公共设施传播，与艾滋病患者及艾滋病病毒感染者的日常生活和工作接触不会受感染。

一般接触如握手、拥抱、共同进餐、共用工具和办公用具等不会感染艾滋病；病毒也不会经马桶圈、电话机、餐炊具、卧具、游泳池或公共浴池等传播；蚊虫叮咬不传播艾滋病。

第六章 社会安全事件

生活在社会中的个人，

万一遇到一些威胁人身、财产等安全的事件，

如抢劫、盗窃等，

该怎么办呢？

学习一些相关应对知识并加以预防，

就能让你在遇到危险时顺利脱险或减少损失。

抢劫

  抢劫是指在城镇街道上以非法占有为目的，以暴力夺取他人财物的违法犯罪行为。若歹徒持凶器或连续作案，社会危害性更大。

  抢劫是恶性暴力事件中较常见的一种。遇到这类事件，一定要正确应付，要有与违法分子作斗争的勇气和信心。要知道，犯罪分子并不可怕，可怕的是在面对不法行为时，不具备防范和反抗的意识和能力。

如何防范与应对入室抢劫

  1.居民回家上楼梯、开门时，注意观察是否有可疑陌生人尾随。

  2.单身妇女、老人、儿童在家时要反锁房门；对声称送货、送礼、上门维修、送广告品的人，要先查明身份。

  3.遭遇入室抢劫，应尽量与犯罪嫌疑人周旋，找时机脱身；尽量记住犯罪嫌疑人人数、体貌特征、所持何种凶器等情况，待安全后，尽快报警。

  4.家中现金存放不宜过多，首饰、存折、有价证券等贵重物品，应放在不易被发现的地方。

街头抢劫应对措施

  1.在人员聚集的地区遭到抢劫时，被害人应大声呼救，并尽快报警。

  2.在僻静的地方或无力抵抗时，应保持镇静，不要与歹徒纠缠，宁可失去财物，也

有人抢劫啦……

要保全人身安全。待处于安全状态后，尽快报警。

3. 应尽量记清歹徒的人数、容貌、声音等特征，及作案车辆车牌号码、车型、车辆颜色和逃跑方向，并尽量留住现场见证人。

4. 发现歹徒尾随跟踪时，应快步走向明亮的公共场所、人多的地方或到最近的住户按铃求援；或乘公交车、出租车离开，摆脱歹徒；或尽快拨打 110 电话，报警求助。

随身财物如何防抢劫

1. 去银行存取大量现金时，应尽量找熟人陪同，最好以汇款的方式代替取现金。输入密码时，应警惕周围有人窥视。不要随意乱扔填写有误的或 ATM 机打印的存、取款单。

2. 开两个以上的银行账户，平时只带放零用钱（出门够用就好）的提款卡，万一发生意外，能把不幸降到最低。

3. 夏季衣着单薄，骑车族不要将手机别在腰间，防止被贼人盯上。

4. 骑自行车时尽量不要将值钱的物品放在车篮内，最好将包挎在胸前；如果放在车篮里，一定要将包带绕在车把上；同时在骑自行车时也要对周围情况留意，遇到可疑人，尽量绕行。

5. 乘坐公交车时，不要在靠窗或车门的座位上打电话，也不要翻出钱包。

6. 不要将装有贵重物品和钱款的包、袋放在摩托车尾箱里，因为在过十字路口等绿灯放行时最容易被骑摩托车尾随的歹徒下手。

行走时如何防抢劫

1. 许多人习惯单肩直挎包，其实这样很不安全！歹徒趁人不备用力一拉便可得手。背挎包方式变直挎为斜挎能大大增加歹徒的作案难度。

2. 如果身体的左侧是路边，那么，背包手袋应该挎在右边。如果身体的右侧是路边，那么，背包手袋应该挎在左边。这样，如果有犯罪分子意图对你实施抢夺的话，会因为增加了逃逸难度，迫使其放弃作案想法。

3. 在行走时，不要走机动车道，要走人行道，并且尽量靠内侧行走。不法分子作案时，较多使用摩托车作为工具，往往从背后蹿出，坐在车上对行人顺势抢劫。因此，如果市民有意识地往人行道内侧走，就可以大大增加歹徒作案难度。

4. 尽量不在走路时用手机打电话或发短信。如果是非打不可的电话，应将手机握在手心里，大拇指压住手机的一侧，其余四指握住手机的另一侧。

5. 在接打移动电话时，两眼应注意前后左右的情况，当发现骑摩托车或其他可疑人员向自己走来时，应转身利用未握手机的身体一侧面向可疑人员并移动脚步。

如何防止陌生人抢劫

1. 谨防麻醉抢劫。对试图与自己表示亲近的陌生人，不能随意接受其提供的饮料、茶水、香烟、食物等。

2. 不要随意借手机给陌生人用。

3. 不能轻易让陌生人获悉自己随身携带的钱财，一般情况下，作案人不会对一个没有"价值"的目标下手。

4. 对不知底细的生意人，最好安排在自己选择的场所交谈，或者提前告诉家人、同事自己的具体去向、事由、时间，或让人定时与自己联系，尽量不给有歹心的人以可乘之机。

女性如何防抢劫

1. 女性外出大多数都随身带有一个挎包。如果在等人或等车时，手提式的包，左手或右手要抓紧包带，肩背式的包应用手胳膊夹紧小包，手抓住包带。

2. 等人或等车时，不要站在偏僻阴暗的街道边沿，尽可能背向墙壁面向街道。当发现有形迹可疑的摩托车、行人朝自己走来时，应立即加强戒备。

3. 女性夜间最好不要一个人单独行走。如果是经常走的街道，要记牢晚上开业的商店、附近的电话亭、派出所或治安点等，要选择有路灯设施、行人较多的路线，在中间明亮处行走，不要紧靠路边两侧而行。时刻对路边黑暗处保持戒备。

4. 陌生男人问路不要带他走，如果发现有人尾随要设法摆脱。

5. 不穿过分暴露的裙子和行动不便的高跟鞋。

6. 不戴金项链、金耳环等显眼首饰。爱美之心人皆有之，但过于显露贵重饰物易在马路上引来抢劫。

驾车外出时如何防抢

1. 驾车外出时，应随手锁好车门，关闭车窗，勿将皮包、现金置于座位上，以免歹徒开车门抢包。如汽车发生故障需下车修理时，应将车停靠路边，并注意周围是否有可疑人员或车辆尾随，下车查看时要锁好车门。

2. 如果遇到"碰车"团伙时，要冷静处理。"碰车"团伙一般由几人配合作案，一般先由一人开摩托车故意撞车，待驾车者下车查看原因时，另外的人快速打开副驾驶门，将放在车上的重要物品抢走。遇到类似情况，应冷静观察周围动态，不要轻易下车。发现异常，立即打电话给朋友或直接致电110报警。

3. 遇到有可疑"查车"行为时，应注意查看警察警服上的警号是否完整、查车所用工作车是否悬挂警用公安机关车号牌等。同时，可以要求查车的警察出示工作证。如觉可疑，应立即拨打110报警。

4. 给汽车安装防盗抢报警器，一遇被抢及时报警。

5. 在途中行驶到偏僻地段时遇有陌生人拦车，一般不要停车。当车在途中发生故障且又处在人烟稀少或复杂地段时，要及时联系最近的修理厂或打110求助。

出租车司机防抢劫

1. 载客时遇到2至4名男性乘客，要注意察言观色，对形迹可疑的要提高警惕；对乘客要求在偏僻地段下车或上车后说不清目的地、中途又多次改变行驶路线的要提高警惕；对举止诡秘、神色慌张的乘客要提高警惕。

2. 营运时不要随身携带大量现金和金银首饰，不要轻易在偏僻昏暗地点停车，行驶线路尽量选择热闹繁华地段，出城时做好登记检查。

3. 遇险时要沉着冷静，寻找机会摆脱歹徒控制；可以利用车内各种工具正当防卫，使歹徒丧失攻击能力；可以利用闯红灯或打双跳灯等方式，引起周围人注意；遭到侵害后，要记清歹徒特征，保护好现场，并及时报警。

公共场所抢劫事件

2004年5月25日，旅客李某携行李，至广州某车站一长途客车旁正欲登车（当时车上尚无一人），旁边一男子口中大声揽客招呼："去＊＊的，7元！快上！"一只手（右）提住旅客的行李箱，另一只手（左）用力抓住旅客拿行李箱的手（右）往车上拖，刚过车门，另一男子从后面猛推旅客同时从旅客腰间用力扯出旅客的手机转身就跑，旅客当即大喊：抢劫了！抢劫了！扔下箱子转身下车去追，才跑了几步，意识到两人可能是一伙的，担心箱子还在车上，只好返身，果然那个男子也不见了，问司机说不认识那人。这就是典型的劫匪合伙在公共场所抢夺他人财物。

刚停车抢匪夺财

2006年9月7日，广东开平市民谢女士驾驶一辆小车在步行街停车时，突然被2名男青年拉开车门抢走一个装有人民币1000多元、手提电话2部、驾驶证等物件的手提袋，2名歹徒随后驾驶一辆男装红色摩托车逃走，谢女士随即报案，110立即通知各哨卡民警开展拦截。当日下午1时左右，两名作案嫌疑人落网。

盗窃

入室盗窃、抢劫与街头盗窃、抢劫相比，更具有隐蔽性，往往更容易造成受害人较大财物损失，甚至对其生命安全构成威胁。

家庭盗窃事件的预防

1. 邻里之间要相互照应，当发现陌生人在住地周围逗留、徘徊时应引起注意。必要时对其进行监视、盘查或报警求助。

2. 若要长期外出，应暂停送报纸、信件、饮用水等服务。请邻居代收信件、清理插在门缝上的各类广告、传单，使房子看似有人居住。

3. 外出时，勿将钥匙、名片、信件等物品一起放在皮包里，以免皮包被盗后，小偷会按照名片、信件上的地址上门盗窃。

4. 老人或儿童独自在家时，应锁好房门，不要接待陌生人。

按错门铃、打错电话当心有诈

在家时，有时候会碰到陌生人按错门铃或打错电话，此时你一定不要掉以轻心。因为这可能是一些窃贼以打错电话或按错门铃来打听虚实，以判断你家中是否有人，或者有些什么人，以便谋划盗窃活动。因此，如果在某段时间里，你家里突然多次发生按错门铃或打错电话的事时，一定要提高警惕，以防不测。不要向陌生人透露有关你的任何信息；当家中无人时，可摘下听筒以造成电话占线的错觉；不要告知对方你独自在家；接电话时，不要随便报出自己的电话号码，如果对方向你求证是否打错电话，应要求对方重复其所要打的电话号码。

当心"听、看、跟、站"的小偷

通常情况下，盗贼踩点采用以下方法：

1. 听

这主要是指通过倾听别人的谈话，从中获得有用信息。比如，这小区里有没有什么亿万富翁，有没有一下子做成一笔大买卖发财了的，这院里有没有出国刚回来的等等。在听的过程中，一切都明白了。

2. 看

这主要分两方面：

一是看人。盗窃者眼睛是特别厉害的，特别是经验丰富的，更是看一眼就知道你身

上有多少钱。

二是看住宅房屋。主要看这个小区有没有破的窗户，只要一看到这小区里有破窗户，马上就会去偷。这是因为破窗户给偷盗者的信息是：这个小区疏于防范，连玻璃打碎了都没人来管，这就是"破窗理论"。还有些盗贼更进步，他们会从网上去查各小区物业排名，找到倒数的三名，马上去偷，一偷一个准。道理很简单，这些排名倒数的小区防范差、保安差，各方面都差。

3. 跟

跟就是跟踪，对象多半是单身的女孩子，或者是老头、老太太。相对于小偷来说，这些人都处于弱势，便于下手。

4. 站

如果你看到银行门口有几个来回转悠、四处乱看的人，不用问，肯定都是贼，正站在那里等钱呢。你从银行取出来的钱，用个袋子装着，那是在告诉贼，"我带着钱出来了"。然后，贼就会尾随，伺机偷盗或抢劫。

计划行动 ◀ ✕	↗ ▶ 无人防备
有4~5间 屋子可偷 ◀	◇ ▶ 无人居住
很有钱 ◀	△▽ ▶ 单身女性居住
危险，避开 ◀	‖ ✕ ▶ 1个孩子 2个女人 1个男人
小心恶狗 ◀	▶ 家中有人在 政府部门工作
警察多 ◀	⊗ ▶ 没有值钱 东西可偷
当心邻居 ◀	▷ ▶ 不必进入
容易被 撞见危险 ◀	▶ 已经偷过了

留意小偷踩点留下的符号

通常，小偷踩点之后，会在事主家门口或周围留下一些符号。因为一次性观察整幢大楼，防盗门都差不多，很容易混淆，为了下次作案时方便，会偷偷留下一些记号。另一个原因是，有时负责踩点的是一伙人，而真正作案的却是另一伙人，作案的人会根据踩点的人留下的暗号采取行动。

踩点的符号应该是自己团伙的人才知道的，也可以是大家约定的。通常有以下几种（见上图），还有一些莫名其妙的暗号，或许只有当事人才知道是怎么回事了。

一般家庭的防盗措施

人们平安享受温馨生活的保障，想要做到出外放心、居家安心，就需要大家平时在安全防范方面多花心思、多做实事，这样才可以避免不必要的损失。具体而言，普通家庭可以采取以下防范措施，可以让小偷盗窃无门：

1. 换掉旧锁

如果你家的暗锁不是"三防"锁，那最好请你破费买一把。安装保险锁花钱不多，也没有太多的麻烦。如果你能安装双保险锁或者是"三防"锁，效果将会更好。因为从心理学角度来讲，盗贼心虚，作案时不敢拖延时间。

2. 安装防盗门

在防盗门上你可千万别省钱，几百元的和上千元的门还是不同的，不在厚薄，关键在锁。那是不是有了好门就万事大吉呢？不是的。对一楼的住户，小偷还可以用钓鱼竿

将你的衣服钓出来，然后拿着你的钥匙开门入室。所以说换了好门，出门时你得多拧两圈（现在高档些的防盗门都有快锁功能，压一下就锁到位了），晚上睡觉前还要记得拧一下门上的"小舌头"，很管用的。

3. 加固窗户

首先窗户插销要齐全，玻璃要完好无损，窗户要坚固。为安全起见，凡是居住平房和楼房低层的居民，家中的窗户务必要安装铁菱，钢筋根以 0.12~0.6 厘米为宜，每个钢筋根之间的间距以 10 厘米为宜。这样，即使盗贼拔掉插销、砸碎玻璃、撬毁窗框，只要窗户铁菱安装得牢固，就会形成一道防御屏障。

4. 使用更为保险、安全的锁具并保管好钥匙

在选择各种锁具时，应注意购买防撬或不易被撬开的锁具。另外，钥匙要随身携带，不要乱放，以防他人借机私配钥匙。尤其家中来了生人，如上门维修工、装修工等，更不要随意将钥匙给其使用。如果新迁住房，一定要换掉原用的门锁，防止建筑安装人员私配钥匙行窃。

5. 封好阳台

近年来，盗贼从阳台入室作案的正在逐渐增多，封阳台不但可充分利用室内空间，而且从安全的角度讲，也不失为一种防止盗贼入室作案的好办法。把前后阳台封住了，也就堵住了盗贼入室盗窃的一个通道。

6. 不要给陌生人开门

遇到陌生人敲门时，不要打开防盗门，待问清情况后，如果是找自己的并有必要进入时，再请进来；如果是问人问事的，就不要请进来。家中如果只有幼小的孩子，就不要为陌生人开门。

怎样对付进屋的盗贼

盗贼进屋偷盗，有多种情况，对付的办法也应随机应变。最主要的是不能慌乱，要沉着应付，慌乱的应当是盗贼。因为盗贼行窃，在心理上处于心虚的劣势，害怕被人发现。家庭的主人虽然具备心理优势，但在体力与防范等方面不一定具备优势。不过，如果你能够按照下面的建议去实践，你会发现，对付那些进屋的盗贼并没有那么难。

1. 不要与其搏斗

遇到入室盗贼尽量不要与其搏斗（除非你是警察或者有专业搏斗训练），一般情况下，盗贼都是持刀入室的。因此，在遇到紧急情况的时候首先要自保。比如：迅速关上并反锁卧室门，避免与歹徒正面冲突。

2. 迅速到外面喊人

假如发现窃贼正在室内，而他尚未发现有人回来时，可以迅速到外面喊人，并同时叫他请别人报告公安机关，以便将窃贼人赃俱获。如窃贼有汽车、自行车等交通工具，则要记下车牌号。

3. 高声呼叫

假如室内的窃贼已经发现来人时，要高声呼叫周围的邻居，请大家帮忙抓住他，并扭送到公安机关。如果家住楼房，则要记住窃贼的体态、相貌、衣着等，边喊边往下跑，以免其狗急跳墙。

有小偷啊！
快来抓小偷呀！

4. 查看其逃离方向

对发现有人来立即逃跑的窃贼，要及时追出查看其逃离方向并认准其体态、相貌、衣着、可能丢下或带走的工具、车辆，并拨打"110"报警电话报告公安机关。

5. 麻痹和拖住盗贼

如果你是在家中，盗贼破门而入，不妨佯装糊涂，将他以宾客之礼相待；如盗贼不是自己熟悉的人，可将自己扮成局外人，拖住盗贼；如果盗贼不顾一切地行窃，可以把自己当成弱者，请他们不要全部拿走。在上述与盗贼的对答往来中，尽量麻痹和拖住他，以寻求有利机会将其擒住。比如，乘盗贼不备之时，用手边器具对其实施有力地打击；乘盗贼不防时，迅速逃离其控制，向邻居求救。乘盗贼作案时或思想松懈时，突然将其锁入室内等。

被盗后怎样报案

发现家中被盗后，应立即拨打"110"报警电话，迅速报告公安机关。

报警时，一要快，二要准，所谓"准"，就是要实事求是，切不可掺杂有任何虚假的成分。通常而言，报案时要讲清或基本讲清以下五个方面的情况：

1. 案发地点

即被盗案件发生的具体地点。包括区、街道、门牌号等，必要时还要介绍前往现场的大体路线等，以便公安人员以最快的速度赶赴现场。

2. 时间

这包括案件发生的时间、发现被盗的时间和保护现场的时间。如果案发的时间一时难以说清，可以向公安机关提供失盗家庭何时无人等情况，以便其推测失盗时间。

3. 与案件相关人员的身份

即发现人、报案人、失盗人的姓名、年龄、性别、职业、住址等基本情况。

4. 失窃物品

即被盗了哪些物品。如果由于现场已被保护起来等原因，一时说不清楚的话，可简要报告一下家中有何贵重物品、现金、存款单及各种有价证券等。

5. 经过

报案时，要把案件发生、发现的经过简要叙述一下，让公安人员心中有数，有利于现场勘查和下一步的破案工作。

多个心眼，防入室盗窃

青年顾勇，原是一家奶业公司的送奶工。他利用送奶的便利条件，将某幢李女士家的情况摸得清清楚楚。他发现李女士是单身一人，穿着打扮很时髦，家里装潢也不错，且她每天凌晨3点左右都要离家上班。

初冬的一天深夜，天正下着细雨，顾勇带了把老虎钳窜进了小区潜伏。当发现李女士已经出门时，顾勇便顺着下水管爬上了2楼，撬开李女士家的厨房防盗网后，他轻易钻入屋内。一番折腾后，窃得总价值数万元的3只金戒指、4根金项链，另有几张银行卡。看着那几张银行卡，顾勇突然决定不走了，他要等李女士回来后逼她说出密码，然后把卡里的钱取出，来个"圆满"收场。

潜伏在李女士家的顾勇打开冰箱取出鱼、肉开始做吃的，并喝了两瓶啤酒。之后又躺在沙发上看电视、唱卡拉OK，俨然成了家庭主人。下午1时许，李女士从外面开门进屋，被手持菜刀的顾勇一把摁倒在地，好在李女士并没有告诉他真正的密码，让顾勇取款时扑了个空。由于李女士报案及时，顾勇随后落网。

由于李女士采用灵活的手段，既避免了重大伤害又未让犯罪分子取走存款，同时协助警方抓获了劫犯。目前为户主从事过装潢、保姆等雇用人员，因了解情况而盗窃户主的并不少见，对此市民要加强警觉。

血泪教训的盗窃案例

以前也看到过一个报道，一妇女在家被劫持，正好其老公打电话过来，她在电话里应付了一通，说正要与她妈妈外出。随后警察赶到，终于得救。原因即在于，她妈妈早已去世，她丈夫即意识到存在问题。而遗憾的是，我们多数人，没有这样敏捷的反应能力和应变能力。

前不久在深圳也发生过一起类似事件：一男驾车被绑架，他与歹徒周旋说没钱，只是小白领，歹徒要其打电话跟家人、朋友借。他很机警的跟家人、朋友每人借三、五千，当然有朋友立刻反应过来，他不可能找他们急借这么点钱。结果他姐姐在大呼"你还跟我哭穷，你刚××赚了××！"一朋友也大叫"你小子一顿饭就花三、五千"等等，酿成惨重后果。所以遇事务必保持冷静，设法周旋，向外传递信息。若遇到明显异常的信息时，多一份留意，因为你的朋友正在向你呼救。

诈骗

诈骗，是指以非法占有为目的，用虚构事实或者隐瞒真相的方法，骗取款额较大的公私财物的行为。由于这种行为完全不使用暴力，而是在一派平静甚至"愉快"的气氛下进行的，加之受害人一般防范意识较差，较易上当受骗。

诈骗的形式

1. 丢"包"诈骗

此类诈骗中，施骗人员故意遗失一包物品在受害人附近后离开，其同伙则装过路人"协助"受骗人捡拾物品，将受骗人带至避静无人处平分。称其愿意"吃亏"，让受骗人拿出身上所有钱物，将该包拿走。或让丢包者返回找到受骗人，并以所丢物品不符为由，要求受骗人拿出财物赔偿损失，乘机实施抢夺、抢劫等犯罪活动。

2. 利用封建迷信手段实施诈骗

此类诈骗是以算命、代人驱鬼、消灾等名义诈骗。该类诈骗一般先由一人向受害人打听"某神医"在什么地方住，其同伙适时出现自称知道"神医"在哪里，愿意引见并鼓动受害人一同前往，在找"神医"的路上以拉家常的方式套取受害人的基本情况，再想方设法告诉冒充"神医"的同伙，见面后"神医"利用套取的情况骗取受害人的信任，然后鼓吹受害人家庭有血光之灾、家人有病痛等，让受害人拿出大量现金来做法事，后用调包手法，以废纸、冥币等物将现金换走。

3. 利用作废外币，或低值高额外币（如秘鲁币）冒充美元、英磅实施诈骗

该类诈骗多选择银行停止营业时间，在银行或高档酒店附近实施。其多称急需人民币现金，愿意低价兑换或抵押外币。其同伙则以过路人身份经过，冒充银行工作人员鉴别真伪，介绍外币当前行情，唆使受害人购买。

4. "宝物"诈骗

如以鱼目油冒充珍珠，以玻璃或塑料珠冒充夜明珠，以山楂丸冒充猴舍利，以镀铜金属块冒充金条、元宝。以藏宝图、巨额遗产继承为饵，"寻求合作伙伴"骗取钱财。

5. 换零钱诈骗

犯罪分子以零钱换大钱或持以假钞方法为由，趁人不备，采取调包方式，进行诈骗。

6. 假借手机诈骗

犯罪分子以做生意谈业务为由，借故使用受害人手机，乘人不备，将手机骗走。

7. 冒充国家工作人员、和尚、学生、残疾人等特殊身份人员行骗

如假冒记者收取赞助费、宣传报道费，假冒和尚、尼姑化缘，冒充警察、律师帮助

在劳人员减刑收取"活动"费，冒充医院工作人员，称其在外亲属遭遇意外、生病需缴纳医疗住院费等手段骗取财物。

8. 以出售药品、保健品为名进行诈骗

将普通中、西成药，改换包装冒充特效药品或长寿保健品等高价出售。该类诈骗一般都持有伪造的权威部门的检验报告、疗效证明、广告批准文号等。

9. 手机短信诈骗

如果你的手机收到一些陌生号码发来的短信，告诉你幸运地"中奖"时，要多个心眼，因为你的信以为真，将会让你没拿到奖品，就先奉献出了所谓的"奖金税"、"手续费"给骗子们。

10. 返还话费诈骗

如果有自称是电信局工作人员的电话打来，说因电脑系统问题而多收了其电话费，现需要其银行帐号来进行退款，这也是骗子们的新招数。这类诈骗主要是利用手机、固定电话、IP 电话或短信，谎称自己是电信部门的工作人员，并告诉你电信局因电脑系统出错，多扣了你家的电话费，请你到自动提款机前，按自动提示操作即可返还多扣的电话费；或要求你提供银行账号。如果你按照其提示操作，那么你银行卡上的钱就会被如数划走。

其实，电信部门一般都是通过各自的特殊服务号码联系客户，如移动 10086、电信 10000 等。当接到返还话费的电话，请先与相关公司核实，要警惕一些不是特殊服务号码的陌生电话，以免落入圈套。

11. 招工诈骗

这类诈骗是利用进城务工者想花最少的钱和时间找到最好工作的心态，进行诈骗的手段。而且由于打工者和这些人一般是私下交易，所以上当后只能自食其果。

招工诈骗一般假借公司名义进行非法招聘，多以优惠的招聘条件为诱饵。为了让更多的应聘对象上当，骗子设置的"门槛"肯定不高，他们往往承诺一些过于"优惠"的招聘条件，以诱使应聘者上钩，然后要求应聘者预先交付一笔小额保证金、手续费，接下来继续收取其他的各种押金。一旦收取现金后，他们并不会向应聘者提供任何实质意义的工作机会。

诈骗的预防

1. 不要轻易和陌生人搭话，不要相信神丹妙药、无价之宝、幸运得奖之类的骗人谎言。

2. 看病要到正规医院就诊，不要相信街头"神医"。

3. 对大额货款使用验钞机，对无法识别的外币，不要轻易兑换。

4. 对主动推销"高科技产品"和所谓"宝物"、特效药的，不要贪图便宜轻信他人宣传，避免上当受骗。

5. 要有反诈骗意识，对于任何人，尤其是陌生人，不可随意轻信和盲目随从，遇人遇事，应有清醒的认识，不要因为对方说了什么好话，许诺了什么好处就轻信、盲从。要懂得调查和思考，在此基础上作出正确的反应。

6. 不要感情用事，切不可被感情的表象所蒙蔽，不要一味"跟着感觉走"而缺乏理智，要学会"听、观、辨"，即听其言、观其色、辨其行，要懂得用理智去分析问题。

假警察骗学生

2006 年 9 月，就读于内蒙古财经学院的大四年级学生张某和梁某在学校附近的一家网吧上网时，一男子走到了他俩身边，从口袋内掏出一个警官证，在两名学生眼前晃了一下说："你们俩与一起盗窃案件有牵连，请跟我走一趟。"两位糊涂的大学生连警官证都没看清楚，便跟着该男子上了出租车。在出租车内"便衣警察"让他们解下裤腰带，并将他们的裤腰带、有效证件、500 余元钱及新买的价值 1500 元的手机没收。之后，出租车到了一家医院急诊室，"便衣警察"命令他们在走廊里等候，声称自己要上二楼向局长汇报。两个大学生老老实实地等着，可过了一个多小时"便衣警察"也没有出现，两位大学生这才恍然大悟，于是急忙拨打了 110 报警，但"便衣警察"早没了影踪。

一男子编故事诈骗女大学生 3100 元

2011 年 9 月初，就读宁夏某大学的小张结识网友"右手牵她"后，对方称其在部队服役，并讲述了自己的悲惨经历。"右手牵她"称，自己从小失去父母，只有一个相依为命的姐姐。不幸的是，几个月前姐姐却患上了尿毒症，必须要给姐姐换肾才能救助。而自己因为在部队当兵没什么积蓄，眼看姐姐生命垂危，自己却无能为力。"如果没有了姐姐，我也不想活了。"网友的悲惨遭遇博取了小张的同情，她分 4 次将自己平日积攒的 3100 元钱打到了"右手牵她"的账户上。然而，小张发现，收到钱的"右手牵她"突然从网上消失了，她这才意识到自己被骗了。9 月 19 日，小张到西夏区公安分局刑警大队报案。

随着网络技术的发展，智能化犯罪越来越多，作案手法更加高明，网上骗色、骗财案件时有发生，越来越多的人在网上伪装患病或经历人生磨难，骗取他人钱财及感情。面对难辨真伪的网络信息，每个人都要提高警惕。

绑架

　　绑架是指以勒索财物为目的、使用暴力、胁迫或麻醉等方法，劫持、要挟人质或他人的犯罪行为。这种犯罪行为侵害的对象不限于富家子弟或少年儿童，成人、女性被绑架事件也时有发生。

被绑架时人质的应对措施

　　1. 伺机呼救。若在人多的地方遭绑架，应大声呼救，奋力抵抗；在被劫持途中，遇到来人，也应大声呼救；附近有警察、军人时，更应呼救求援。

　　2. 留下记号。在遭遇绑架和被劫持途中，应尽可能留下记号，如丢下随身物品、写字条、留下警示标记等，将自己被绑架的信息传递给他人，以利于被及时发现。

　　3. 了解方位。在被劫持途中，应尽可能了解自己所处的方位。若双眼被蒙，可通过计数的方式，估算汽车行驶的时间和路途的远近，记住转弯的次数、大致的方向等。

　　4. 保存体力。解决人质劫持事件，往往需要较长时间，人质应注意保存体力。

　　5. 巧妙周旋。应与歹徒巧妙周旋，争取与亲属通话，巧妙告知自己所处的位置、现状等情况；千万不要与歹徒发生正面冲突，避免激怒对方。

　　6. 伺机逃生。在被劫持途中，应积极寻找时机，果断逃离。

　　7. 配合营救。积极配合营救人员对犯罪分子发起的攻击，并按照营救人员的指令撤离。

家人被绑架时家属的应对措施

　　1. 及时报警。家庭成员被绑架，家属应立即报警。不要私下与歹徒谈判或交易，以免耽误营救时间或错过最佳解救时机。

2.隐蔽报案。人质家属报警时，应采取隐蔽方式，防止消息泄露，危及人质安全。

3.提供线索。向警方提供案发前后出现的可疑人员、可疑电话、可疑车辆、人质的详细社会关系，以及案发后犯罪嫌疑人的联系方式、要求等线索。

4.协助解救。按照警方提示，与歹徒巧妙周旋，并积极配合警方的解救方案，协助营救，不可自作主张。

案例

女子遭老友绑架勒索 遇见警察机智脱身

林女士讲述，近日晚7时左右，她刚吃过晚饭，突然接到一个10多年都没有联系的一位男性朋友的电话。对方称，有一件非常重要的事情需要林女士的帮助，电话里不便细说，请她出来找个地方唠唠。林女士不好拒绝，找个咖啡屋坐下等候。

两人见面之后，男子一阵客套之后，并没有说什么重要之事，只是问林女士是否认识辽源市某局的某某。林女士看到她的这位久未联系的朋友，并没有什么所谓的重要事情要谈，出于礼貌，她简单地聊了大约半小时后准备回家。

离开咖啡屋后，该男子却执意要打车送林女士回家。林女士上了一辆男子叫来的出租车后，发现副驾驶座位上已经坐着一位男子，刚一愣神儿，出租车就启动了，车窗也关上了。这时林女士的"老"朋友原形毕露，一把抢过了林女士手中的包，将林女士的手机关掉，揣在自己的衣兜里，抢走包内的2300元现金后，称："就这么点儿钱，赶快把你妹妹的电话号码告诉我，让她送10万元钱来，否则要你的命。"

林女士这才恍然大悟，这是要绑架呀。绑匪一连要了几个她妹妹的电话都是空号，"叫你说谎，叫你说谎……"绑匪气得使劲掐林女士的脖子。最后又要林女士老公的电话，林女士给的也是假号。

其间，出租车沿着辽源市的一些主要街区，来回地兜着圈。当出租车行驶到辽源市政府东边桥时，林女士看到有一辆警车亮着警灯停在那里，她顿时眼睛一亮，计上心来。

林女士想好脱身的办法后，向劫匪喊道："我要上厕所。""让她上吧，都吓成那样了，跑不了"。绑匪让林女士下了车，林女士下车后要求绑匪离开几步，背过身去。林女士见绑匪转过身去便朝警车方向拼命奔去，"有人抢劫啦。"接到林女士的报警后，武警战士立即向林女士所指方向跑去，但并没有见到人影。就在他们返回的路上，有3个人向他们招手。原来，他们就是那3个绑匪。他们谎称，林女士喝多了，是他们的好朋友，让武警把林女士还给他们，由他们把林女士送回家。然而武警战士立即警觉起来，并没有相信狡猾的劫匪，不但没有把林女士交给他们，反而将他们一同送到了公安机关。

强奸

强奸犯罪是女性之大敌，严重摧残被害妇女的身心健康，干扰其正常的生活和工作。

预防性骚扰的措施

1. 女性在工作环境及日常生活中，应避免穿过分暴露的衣服到人多拥挤或者僻静的地方。

2. 女性尽可能不要单独与陌生人结伴而行；如遇到陌生男人问路，可以指路但最好不要随便带路；不要随便接受陌生人的宴请，防止坏人在食品里下药。

3. 独行时要发挥女性较强的观察能力和特有的直觉，尽早发现并迅速远离这样的可疑男性：

◇躲躲闪闪，隐藏在屏蔽、阴暗角落。

◇往而复返，游荡于某段街区。

◇摇头晃脑，寻觅于人群之中。

◇目光呆直，紧盯女性敏感部位。

◇由远而近，长时间同路尾随。

◇酒气熏人，三五结伙东扎西撞。

◇声间嘶哑，搭讪挑逗异性……

4. 如果曾经有人尾随、拦截过你，应设法改变日常行走路线，改变活动规律。发现长时间尾随者要择时择地果断甩掉：

◇到派出所、治安亭、交通岗，以此阻断对方跟踪。

◇采用逆向候车、突然过道登乘公交车辆的方法甩掉对方。

◇到电话亭打个电话，无论是报警还是通知家人，都是吓退尾随者的有效方法。

5. 可就近求助于行人、住户，夜晚可奔向有光亮、有声音的方向。如果确实处于危险境地，就应大声呼喊。一方面可以引起周围群众的注意，另一方面呼喊本身足以震慑作案分子。呼喊之后，可瞅准时机迅速逃离危境，也可在有人来援助时协助抓获嫌疑分子。

制止性骚扰措施

1. 如果遇到有人用挑逗性的语言、神态和动作来调戏，可以视而不见，让其自讨没趣。对那些无赖的纠缠者要严厉警告，必要时叫保安人员来处理。

2. 对那些动手动脚的流氓，应当从自身安全考虑，予以警告，并立即求助于周围人群，向周围人群揭露其丑恶行径，以引起周围人群对坏人的斥责和愤慨，从而得到大家的帮助。

3.如果坏人继续行恶，应马上报警或高声呼救。

4.对付已经动手动脚实施暴力的歹徒，首先考虑反抗挣脱，因为恐慌、哀求都无济于事。记住，对手再凶狠也有恐惧心理，再强大也有虚弱之处。尽量控制情绪，力求沉着冷静，抓住对方弱点，瞅准时机全力与之拼搏，常常能够自救。

遭强奸后的应对措施

1.不要讲"我认识你"、"我要告你"之类的话，这样极有可能引发更严重的伤害行为。要隐藏好随身携带的工作证、身份证，不要吐露真实的住址、单位、姓名，防止歹徒以此要挟，胁迫扼制报案或再施强暴。

2.无论强奸已遂或未遂，都应及时报警，积极提供线索，配合警方侦破。要留心记清作案分子的相貌、生理特征、受伤情况、衣着打扮、口音方言、携带物品以及驾乘车辆等。注意保护现场，保存污染的内衣内裤、精斑血迹擦拭物、作案者遗留物，并及时提供给侦查人员，以便追查认定作案分子。

3.留取罪证及时报案。被强奸后，有的会发生处女膜破裂出血，幼女或生殖器官发育不全的女子，有时还会造成会阴断裂或阴道裂伤。另外，罪犯留在阴道、外阴、大腿内侧的精液或衣裤上的精斑，甚至罪犯留下的毛发、指纹和物品，都是协助破案的有力线索。千方不要因为怕"丑事外扬"或"私了"而不去报案。因为精子检出率在 12 小时内为最高，3~5 天仍可检出，个别在 5 天后还可检出，但历时越久，精子破坏越多，就越不易检出。公安人员在提取了这些证据后，就能够尽快缉拿色魔，也能给受害人保密。做完这些后，应立即到医院医治伤痛，避免感染。

4.阻止受孕，杜绝生产。有的女性在受强暴时正值排卵期，容易受孕。因此，在被强暴 72 小时之内，应服用紧急避孕药，如米非司酮，或配合服用米索列醇，以达到避孕效果。如果错过这个时期，月经逾期不至，以后又出现恶心、呕吐、食欲不振、乳胀、之力等观象。应及时去医院妇产科检查，一旦怀孕，要马上作人工流产。

5.早治性病，防患未然。犯罪分子玩弄女性，性伴侣杂乱，常染有多种性病。所以，遭强暴后一旦出现阴部痒痛、皮疹、尿频、尿痛、白带增多等现象时，应及时去医院就诊，以便早期发现，早日根治。

恐怖袭击

恐怖袭击是指针对公众或特定目标，通过使用极端暴力手段（如暴力劫持、自杀式爆炸、汽车爆炸、施放毒气或投放危险性、放射性物质），造成人员伤亡或重大财产损失，危害公共安全，制造社会恐慌的行为。

恐怖袭击的应对措施

1. 发生恐怖袭击事件时，要迅速撤离到安全区域，同时拨打报警求助电话，等待救援人员救助。

2. 地铁、轻轨等人员聚集场所发生恐怖袭击事件时，应迅速从危险区域脱身，服从救援人员引导或按照疏散标示有序疏散。暂时无法快速疏散的，应寻找相对安全地点暂避，同时利用一切方法迅速报警求助。

3. 遇倒塌、烟火或刺激性气味气体时，应根据具体情况，采取衣物蒙住鼻子、遮盖裸露皮肤、匍匐前进等自救手段迅速撤离。

4. 在撤离危险区域时，应尽量向明亮、空旷和上风方向区域疏散。在建筑物中疏散时，要选择楼梯通道，不要乘坐电梯，疏散中切忌拥堵，保持有序撤离。

"9·11"恐怖袭击

2001年，美国遭遇"9·11"恐怖袭击事件，造成3200多人死亡或失踪。"9·11"当天，摩根士丹利添惠公司的安全负责人里克·里斯科拉指挥近2700名员工逃生，除了里斯科拉自己、4名保安官员和其他8名员工外，该公司2687名员工全部成功逃生。

里斯科拉是一名美国退役军人，经历过战争，掌握了很多生存技能。退役后，里斯科拉来到摩根士丹利添惠公司担任安全负责人。摩根士丹利添惠公司在世贸中心第二塔楼拥有22层办公室，在第一塔楼也拥有几层办公室，是一个名副其实的"空中王国"。

里斯科拉早就担心世贸中心会发生恐怖袭击，但他相信，只要通过充分的训练，一个最普通的人也能在灾难发生时自救。于是，他经常不定期对公司的近2700名员工进行消防演习训练，要求他们走44层楼演习逃生。

虽然公司的领导层和投资者都不赞成此类演习，但里斯科拉还是顶住压力坚持下来。

"9·11"恐怖袭击发生后，里斯科拉用扩音器、无线电话和手机组织员工撤离，由于有平时的训练，员工们逃生已经轻车熟路。当世贸中心第二塔楼倒塌时，摩根士丹利的2700名员工，除了因指挥撤离未能逃生的里斯科拉和其他12名同事，其余2687人全部生还，创造了"9·11"当天的生存奇迹。

踩踏事故

踩踏事故时有发生，国内的、国外的、学校里的、社会上的，其惨状触目惊心，已然成为我们身边新的安全隐患。

如何防止踩踏事故

1. 举止文明，人多的时候不拥挤、不起哄、不制造紧张或恐慌气氛。

2. 发现不文明的行为要敢于劝阻和制止。

3. 尽量避免到拥挤的人群中，不得已时，尽量走在人流的边缘。

4. 应顺着人流走，切不可逆着人流前进，否则，很容易被人流推倒。

5. 发觉拥挤的人群向自己行走的方向来时，应立即避到一旁，不要慌乱，不要奔跑，避免摔倒。

6. 陷入拥挤的人流时，一定要先站稳，身体不要倾斜失去重心，即使鞋子被踩掉，也不要贸然弯腰提鞋或系鞋带。有可能的话，可先抓住坚固可靠的东西慢慢走动或停住，待人群过去后，迅速离开现场。

7. 若自己被人群拥倒后，要设法靠近墙角，身体蜷成球状，双手在颈后紧扣以保护身体最脆弱的部位。

8. 在人群中走动，遇到台阶或楼梯时，尽量抓住扶手，防止摔倒。

案例

柬埔寨踩踏事故

2010年11月22日是柬埔寨为期三天传统送水节的最后一天，当时全国各地约有300万人涌向金边观看在王宫前的洞里萨河上举行的龙舟大赛以及在金边钻石岛等地的庆祝活动，当地时间22日23时左右，由于游人太多，金边市区连接钻石岛的一座桥产生晃动，引起人们恐慌，导致相互拥挤踩踏事故，截至23日死亡人数已攀升至375人，受伤人数达755人。

游乐设施事故

游乐设施发生的突然停机、机械断裂、高空坠落等故障都会造成游客恐慌、受困及其他危险事故。

游乐设施事故的应对

1. 在游玩过程中感到身体不适或难以承受时，应立即大声告知工作人员停机。

2. 出现险情时，千万不要乱动和自行解除安全装置，应保持镇静，听从工作人员指挥，等待救援。

3. 出现意外伤亡情况时，切忌恐慌、拥挤，应及时疏散、撤离。

温馨提醒

◇在游玩之前，应认真阅读《游客须知》，听从工作人员讲解，掌握游玩要点。高血压、心脏病等患者不要游玩自己身体不适应的项目。

◇未成年人游玩时要有成年人监护。

案例

韩国 5 人被摩天轮从 20 米高空甩出死亡

2007 年 8 月 13 日下午，巡回到韩国釜山的国际游艺活动项目"环球嘉年华"发生严重事故，摩天轮观览车厢突然被撞，5 名游客从 20 米高空坠落地面，全部死亡。警方称，死者中的 4 人是一家人，另一人是外国游客。

球场骚乱事件

在观看足球、篮球、排球等大型比赛时，若发生球迷骚乱，极易造成群死群伤的严重事件，产生不良的社会影响。

球场骚乱事件的应对

1. 遇到少数人起哄、煽动闹事时，不要盲目跟从。

2. 周围人群处于混乱时，应选择安全地点停留（如待在自己的座位上），以保证自己不被挤伤。

3. 不要在看台上来回跑动，要迅速、有序地向自己所在看台的安全出口疏散。

4. 远离栏杆，以免栏杆被挤折而伤及自身。

5. 不要在看台上拥挤或翻越栏杆，以免造成人员伤亡。

6. 疏散时应注意礼让和保护老人、儿童、妇女等弱势群体。

温馨提醒

◇ 应自觉遵守球场规定，维护赛场秩序。

◇ 观众进场时，要注意观察活动现场情况和识别警示标志，主动了解现场安全通道和出入口的位置。在发生危险时要尽快从最近的安全出口撤离。

案例

摩洛哥球场骚乱酿惨案

非洲是球迷骚乱的重灾区，几乎与南美洲不相上下。2011年9月，非洲足坛再酿惨案，有7人在摩洛哥一场足球比赛后的骚乱中丧生。

此次骚乱的事发地点在摩洛哥的西南部港口城市达赫拉，比赛双方为穆罕默迪耶队和摩罗地亚队。比赛中，两队的球迷就多次爆发言语冲突，挑衅手势、污秽的骂声不断，并终于在比赛后演变成大规模球迷骚乱。两队激愤的球迷用石块、水瓶以及随时携带的硬物互相攻击。骚乱事件很快升级，参与的球迷人数越来越多，众多已经离开体育场的两队球迷开始在大街上互相打斗，其中有不冷静球迷动用短刀攻击对方。

骚乱爆发后不久，达赫拉市的警方出动制止，但因球迷众多骚乱事件持续很久才被平息。据悉，此次骚乱并非仅仅与比赛结果有关，这与当地长期存在的矛盾和历史渊源有着千丝万缕的联系。

公共场所险情

　　人员稠密的公共场所，如公园、商场、体育馆、影剧院、歌舞厅、网吧等，一旦发生突发事件，极易造成混乱，后果不堪设想。

公共场所险情的应对

　　1. 发生拥挤或遇到紧急情况时，应保持镇静，在相对安全的地点做短暂停留。

　　2. 人群拥挤时，要用双手抱住胸口，防止内脏被挤压受伤。

　　3. 在人群中不小心跌倒时，应立即收缩身体，紧抱着头，尽量减少伤害。

　　4. 注意收听广播，服从现场工作人员引导，尽快就近从安全出口有序疏散。

　　5. 切勿逆着人流行进或抄近路。行走时尽量靠边，保护好自己。

◇进入公共场所时，要提前观察好安全通道和应急出口的位置。

◇参加大型集会时，应穿平底鞋，以保持身体平衡和行动自如。

◇疏散时应注意礼让和保护老人、儿童、妇女等弱势群体。

◇切勿堵塞安全门，或在安全通道上堆放杂物，确保消防设施完备，符合应急要求。

服从现场工作人员引导，照顾好老人和小孩，
尽快就近从安全出口有序疏散。

第七章 食品安全

民以食为天，食以安为先。

老百姓在日常生活中最担心的就是吃到不安全的食物。

"毒奶粉"、"瘦肉精"、"地沟油"、"染色馒头"等，

一系列的食品安全事件引起了公众的焦虑。

其实，不安全的食物并不是无法识别，

这就需要老百姓们在日常生活中提高防范意识。

所谓食品安全是指消费者在摄入食品时，

食品中不含有毒有害物质，

不存在引起急性中毒、不良反应或潜在疾病的危险性。

关注食品安全，

也就是关注自身的健康！

由于篇幅有限，本章只讲解生活必备的食品安全知识。

食物中毒

食物中毒，指食用了被有毒有害物质污染的食品或者食用了含有毒有害物质的食品后出现的急性、亚急性疾病。

症状

剧烈呕吐、腹泻，伴有中上腹部疼痛，常会因上吐下泻而出现脱水症状，如口干、眼窝下陷、皮肤弹性消失、肢体冰凉、脉搏细弱、血压降低等，严重时会出现休克。

应急要点

1. 立即停止食用可疑食品。

2. 大量喝水，稀释毒素。

3. 用筷子、勺把或手指压舌根部，轻轻刺激咽喉引起呕吐。在中毒者意识不清时，需由他人帮助催吐，并及时就医。

4. 误食强酸、强碱后，及时服用稠米汤、鸡蛋清、豆浆、牛奶等，以保护胃黏膜。

5. 如果病人吃下去的中毒食物时间较长（如超过两小时），而且精神较好，可采用服用泻药的方式，促使有毒食物排出体外。用大黄、番泻叶煎服或用开水冲服，都能达到导泻的目的。

6. 了解与病人一同进餐的人有无异常，并告知医生。

7. 由于确定中毒物质对治疗来说至关重要，因此，在发生食物中毒后，要保存导致中毒的食物样本，以提供给医院进行检测。如果身边没有食物样本，也可保留患者的呕吐物和排泄物，以方便医生确诊和救治。

8. 抢救食物中毒病人，时间是最宝贵的，应尽早把病人送往医院诊治。

9. 及时向所在地卫生防疫部门反映情况。

用手指压舌根部，轻轻刺激咽喉引起呕吐。如在呕吐物中发现血性液体，则提示可能出现了消化道或咽部出血，应暂时停止催吐。

食物中毒的预防

1. 不吃不新鲜或有异味的食物。

2. 不要自行采摘蘑菇、鲜黄花菜或不认识的植物食用。豆角一定要炒熟后再吃，不吃发芽的土豆。不吃霉变甘蔗、霉变红薯，不喝生豆浆。不要吃有异味的或没有检验合格证的蜂蜜。

3. 从正规渠道购买食用盐、水产品以及肉类食品。

4. 生熟食品要分开存放，水产品以及肉类食品应炒熟后再吃。

5. 不要用饮料瓶存放化学品。存放化学品的瓶子应该有明显标志，并置于隐蔽处，避免儿童由于辨别不清而饮用。

6. 防止人为投毒。

常见易中毒食物

1. 鲜木耳

鲜木耳与市场上销售的干木耳不同，含有叫做"卟啉"的光感物质，如果被人体吸收，经阳光照射，能引起皮肤瘙痒、水肿，严重可致皮肤坏死。若水肿出现在咽喉黏膜，还能导致呼吸困难。

新鲜木耳应晒干后再食用。暴晒过程会分解大部分"卟啉"。市面上销售的干木耳，也需经水浸泡，使可能残余的毒素溶于水中。

2. 鲜海蜇

新鲜海蜇皮体较厚，水分较多。但是，海蜇含有四氨络物、5－羟色胺及多肽类物质，有较强的组胺反应，引起"海蜇中毒"，出现腹泻、呕吐等症状。

只有经过食盐加明矾盐渍3次（俗称三矾），使鲜海蜇脱水，才能将毒素排尽，方可食用。"三矾"海蜇呈浅红或浅黄色，厚薄均匀且有韧性，用力挤也挤不出水。

海蜇有时会附着一种叫"副溶血性弧菌"的细菌，对酸性环境比较敏感。因此凉拌海蜇时，应放在淡水里浸泡两天，食用前加工好，再用醋浸泡5分钟以上，就能消灭全部"弧菌"。这时候，你可以放心大胆地吃凉拌海蜇了。

3. 鲜黄花菜

鲜黄花菜含有毒成分"秋水仙碱"，如果未经水焯、浸泡，且急火快炒后食用，可能导致头痛头晕、恶心呕吐、腹胀腹泻，甚至体温改变、四肢麻木。

想尝尝新鲜黄花菜的滋味，应去其条柄，开水焯过，然后用清水充分浸泡、冲洗，使"秋水仙碱"最大限度溶于水中。建议将新鲜黄花菜蒸熟后晒干，若需要食用，取一部分加水泡开，再进一步烹调。

如果出现中毒症状，不妨喝一些凉盐水、绿豆汤或葡萄糖溶液，以稀释毒素，加快排泄。症状较重者，立刻去医院救治。

4. 变质蔬菜

在冬季，蔬菜、特别是绿叶蔬菜储存一天后，其含有的硝酸盐成分会逐渐增加。人吃了不新鲜的蔬菜，肠道会将硝酸盐还原成亚硝酸盐。亚硝酸盐会使血液丧失携氧能力，导致头晕头痛、恶心腹胀、肢端青紫等，严重时还可能发生抽搐、四肢强直或屈曲，进而昏迷。

如果病情严重，一定要送院治疗。而轻微中毒的情况下，可食用富含维生素 C 或茶多酚等抗氧化物质的食品加以缓解。大蒜能阻断有毒物的合成进程，所以民间说大蒜可杀菌是有道理的。

5. 长斑红薯

红薯表面出现黑褐色斑块，表明受到黑斑病菌（一种霉菌）污染，排出的毒素有剧毒，不仅使红薯变硬、发苦，而且对人体肝脏影响很大。这种毒素，无论使用煮、蒸或烤的方法都不能使之破坏。因此，有黑斑病的红薯，不论生吃或熟吃，均可引起中毒。

6. 生豆浆

未煮熟的豆浆含有皂素等物质，不仅难以消化，还会诱发恶心、呕吐、腹泻等症状。当豆浆煮至 85℃~90℃时，皂素容易受热膨胀，产生大量泡沫，让人误以为已经煮熟。家庭自制豆浆或煮黄豆时，应在 100℃的条件下，加热约 10 分钟，才能放心饮用。还需注意，别往豆浆里加红糖。否则红糖所含醋酸、乳酸等有机酸，与豆浆中的钙结合，产生醋酸钙、乳酸钙等块状物，不仅降低豆浆的营养价值，而且影响营养素吸收。此外，豆浆中的嘌呤含量较高，痛风病人不宜饮用。

7. 生四季豆

四季豆是人们普遍食用的蔬菜。生的四季豆中含皂甙和血球凝集素，由于皂甙对人体消化道具有强烈的刺激性，可引起出血性炎症，并对红细胞有溶解作用。

此外，豆粒中还含红细胞凝集素，具有红细胞凝集作用。如果烹调时加热不彻底，豆类的毒素成分未被破坏，食用后会引起中毒。

四季豆中毒的发病潜伏期为数十分钟至数小时，一般不超过 5 小时。主要有恶心、呕吐、腹痛、腹泻等胃肠炎症状，同时伴有头痛、头晕、出冷汗等神经系统症状。有时四肢麻木、胃烧灼感、心慌和背痛等。若中毒较深，则需送医院治疗。

家庭预防四季豆中毒的方法非常简单，只要把全部四季豆煮熟焖透就可以了。另外，还要注意不买、不吃老四季豆，把四季豆两头和豆荚摘掉，因为这些部位含毒素较多。

8. 发芽土豆

土豆发芽后，芽孔周围就会含有大量的有毒龙葵素，这是一种神经毒素，可抑制呼吸中枢。如果一次吃进 200 毫克龙葵素（约吃半两已变青、发芽的土豆）经过 15 分钟至 3 小时就可发病。最早出现的症状是口腔及咽喉部瘙痒，上腹部疼痛，并有恶心、呕吐、腹泻等症状，症状较轻者，经过 1~2 小时会通过自身的解毒功能而自愈，如果吃进 300~400 毫克或更多的龙葵素，则症状会很重，表现为体温升高和反复呕吐而致失水，以及瞳孔放大、怕光、耳鸣、抽搐、呼吸困难、血压下降，极少数人可因呼吸麻痹而死亡。所以对于症状较重的病人要尽早送医院治疗。

9. 金针菇不煮熟会中毒

新鲜的金针菇中含有秋水仙碱，人食用后，容易因氧化而产生有毒的二秋水仙碱，它对胃肠黏膜和呼吸道黏膜有强烈的刺激作用。一般在食用 30 分钟~4 小时内，会出现咽干、恶心、呕吐、腹痛、腹泻等症状；大量食用后，还可能引起发热、水电解质平衡紊乱、便血、尿血等严重症状。

秋水仙碱易溶于水，充分加热后可以被破坏，所以，食用鲜金针菇前，应在冷水中浸泡 2 小时；烹饪时把要金针菇煮软煮熟，使秋水仙碱遇热分解；凉拌时，除了用冷水浸泡，还要用沸水焯一下，让它熟透。

发芽马铃薯致员工中毒

2004 年 5 月 9 日，广东省博罗县某公司发生一起集体食物中毒事件，中毒者均出现头晕、恶心、水样便等症状，至 5 月 12 日，前后到医院观察治疗的中毒者 28 名，另有 104 名员工因怀疑自己中毒而前往检查，医院均给予他们预防性服药。经查明中毒原因系误食发了芽的马铃薯所致。

南京汤山严重中毒事件

2002 年 9 月 14 日早晨，南京市江宁区汤山镇发生一起严重失误中毒事件。部分学生和民工因食用了饮食店内的油条、烧饼、麻团等食物发生大面积中毒。中毒者达两百多人，经抢救无效陆续有多人死亡。

根据南京市卫生监督部门和公安部门的调查。从中毒者所进食物中查出"毒鼠强"成分，这是一种被称为"二步倒"、"闻就倒"的高度药物。此事件经公安机关调查，系人为投毒案，经警方 78 小时连续奋战，抓获犯罪分子陈正平。2002 年 9 月 30 日，南京市中级人民法院依法公开审理了此案，被告人陈正平被判处死刑，剥夺政治权利终身。

正确看待食品添加剂

近年来，从"三聚氰胺奶粉"、"红心鸭蛋"、"毒豆芽"，到上海"染色馒头"等事件使食品添加剂成为社会关注的焦点，尤其是台湾发生的"塑化剂"风波更是将食品安全推向了风口浪尖。那么，食品添加剂真的是毒药或者洪水猛兽吗？其实，恰恰相反，食品添加剂是现代食品工业的灵魂，正是因为有了食品添加剂，食品工程师才能创造出更多新的食品和新的食品制作工艺，满足人类的味蕾，丰富人们的餐桌。由于不了解食品添加剂的基本知识，不了解食品添加剂的管理及使用制度，才导致许多消费者对食品添加剂产生了误解。

什么是食品添加剂

《中华人民共和国食品安全法》中对食品添加剂的定义为"食品添加剂，指为改善食品品质和色、香、味以及为防腐、保鲜和加工工艺的需要而加入食品中的人工合成或者天然物质。"通常其添加量不超过食品质量的 2%。

食品添加剂的分类方法有多种，按来源可分为天然和人工合成两大类；按照作用和功能可分为23个类别，其中包括酸度调节剂（柠檬酸、酒石酸）、着色剂（胭脂红、柠檬黄）、防腐剂（苯甲酸、山梨酸）、甜味剂（甜蜜素、糖精钠）、抗结剂、消泡剂、抗氧化剂、护色剂、营养强化剂、食品用香料等。

我们的生活离不开食品添加剂

没有食品添加剂就没有现代食品工业，事实是几乎所有食品包括饮料都含有食品添加剂。日本"食品添加剂之神"安部司在其一本书中透露，一般人每天吃的添加剂大约为 10 克，一年下来大约 4 千克。其实，人类使用食品添加剂的历史与人类文明史一样悠久。例如，卤水点豆腐是西汉时期发明的，距今已经有 2100 多年的历史，"卤水"就是一种食品添加剂。

如果真的离开了食品添加剂，人类的生活质量必定会受到极大的影响。例如，以防腐剂为例，很多人一提到就感觉心里很不舒服，但有些食品对防腐剂是难以取缔的。比如酱油，如果不用防腐剂，两天之内就会有霉菌产生，而花生食品所产生的黄曲霉毒素、肉类食品所产生的肉毒杆菌则是防腐剂危害的几千倍。

其实食品添加剂还能满足一些特殊需要，如糖尿病人不能吃糖，则可用无营养甜味剂或低热能甜味剂来代替，提高了病人的生活质量。

食品添加剂的使用原则

在食品添加剂使用中，除了要求食品添加剂应当在技术上确有必要且经过风险评估证明安全可靠，方可列入允许使用的范围。

1. 不应对人体产生任何健康危害。

2. 不应掩盖食品腐败变质。

3. 不应掩盖食品本身或加工过程中的质量缺陷或以掺杂、掺假、伪造为目的而使用食品添加剂。

4. 不应降低食品本身的营养价值。

5. 在达到预期目的的前提下尽可能降低在食品中的使用量。

是否添加了食品添加剂就对人体有害

合理使用食品添加剂，对丰富食品生产和促进人体健康都有好处。但也必须看到，食品添加剂毕竟不是食品的天然成分，如使用不当，或添加剂本身混入一些有害成分，就可能对人体健康带来一定危害。对于添加剂的使用范围和最大限量，国家在 GB2760《食品安全国家标准 食品添加剂使用标准》中有具体的规定。并且这些指标是建立在一整套科学严密的毒性评价基础上的，是经过反复试验和严格的风险评估确定，而且是作为国家的强制性标准来执行的。只要按照国家标准添加食品添加剂，我们一般每日的摄入量都不会或者说不太可能超过限制量，所以安全应该是没有问题的。迄今为止，我国重大食品安全事件没有一起是由合法使用食品添加剂造成的。其实就算偶尔一次，食用了食品添加剂稍微超标的食品，消费者也可不用过于担心，因为我们标准制定的限值本身就已经是非常保守的。

严格区分食品添加剂和非法添加物

非食品用化学物质是指制作食品时加入了国家法律允许使用的食品添加剂以外的化学物质，不属于食品添加剂的范畴，被摄入后大多会对人的身体产生伤害。在食品中添加非食用物质是严重威胁人民群众饮食安全的犯罪行为，同时也是阻碍我国食品行业健康发展、破坏社会主义市场经济秩序的违法犯罪行为。一些不法分子混淆食品添加剂和非食用物质的界限，向食品中添加本不应该在食品中出现的非食用物质（如苏丹红、三聚氰胺、罗丹明 B 等），加深了公众对食品添加剂的误解。

消费者应树立正确的食品消费观

作为普通的消费者，我们要正确认识和理性对待食品添加剂，树立科学合理的食品消费观：馒头本来就没有那么白，鸭蛋黄本来就没有那么红，猪肉本来就没有那么瘦……如果我们的要求超出了食品自身能够达到的程度，不法分子就会有机可乘，以假乱真，祸害百姓。

温馨提醒

食品安全常识：

食品质量安全是指食品质量状况对食用者健康、安全的保证程度。包括三方面内容：一是食品的污染导致的质量安全问题。例：生物性污染、化学性污染、物理性污染等。二是食品工业技术发展所带来的质量安全问题。如：食品添加剂、食品生产配剂、介质以及辐射食品、转基因食品等。三是滥用食品标识。例：伪造食品标识、缺少警示说明、虚假标注食品功能或成分、缺少中文食品标识（进口食品）等。

学会看食品标签

在购买有包装的食品时，一定要看标签上要标明食品的类别，类别名称必须是国家许可的规范名称，以免企业"忽悠人"。

看配料表

食品的营养品质，本质上取决于它的原料及其比例。无论它的广告说得多么天花乱坠，一看配料表，往往就会真相毕露。配料表有三大看点：

第一看原料排序。按法规要求，用量最大的原料应当排在第一位，最少的原料排在最后一位。第二看是否有你不想要的原料。如糖、食盐、氢化植物油等自己不适合或不喜欢的配料，还有可能产生过敏或不良反应的配料。第三看其中的食品添加剂。看食品添加剂并不难，看到带颜色的词汇，比如"柠檬黄"、"胭脂红"等，一般是色素；看到带味道的词汇，比如"甜蜜素"、"阿斯巴甜"、"甜菊糖"等，肯定是甜味剂；看到带"胶"的词汇通常是增稠剂、凝胶剂和稳定剂，等等。看多了就习惯了。

看营养素含量

对很多食物来说，营养素是人们摄取的重要目标，蛋白质、维生素、矿物质的含量越高越好。而对于以口感取胜的食物来说，也要小心其中的能量（也就是"热量"或"卡路里"）、脂肪、饱和脂肪酸、钠和胆固醇含量等指标。这几个项目，自然是越低越好的。

看生产日期、保质期和保质条件

保质期指可以保证产品出厂时具备的应有品质，过期后品质有所下降，但很可能吃了也没危险；保存期或最后食用期限则表示，过了这个日期便不能保障食用的安全性。

在保质期之内，应当选择距离生产日期最近的产品。就算没有过期，随着时间的延长，其中的营养成分或保健成分还是会有不同程度的降低。

看认证标志

很多食品的包装上有各种质量认证标志，比如有机食品标志、绿色食品标志、无公害食品标志、原产地认证标志等，还有 QS 标志，在同等情况下，最好能够优先选择有认证的产品。

食品中常见的隐形"杀手"

随着科技的发展，食品工业也越来越发达，不断有新的美味、新的概念来刺激大众的胃口和购买欲。但是，商人们为了追求利益，延长食物的保质期，便在食物里添加一些本来不应该有的有害健康的成分。以下列举的这些是被不法商家添加到食物中的非法添加物质。

硫黄

对于添加剂的常见于辣椒、竹笋、腐竹、黄花菜、银耳、粉条、中药材等干货中，瓜子、花生等干果以及蜜饯类腌渍食品，馒头、包子、年糕等蒸制食品中也有可能寻到硫黄的踪影。吃了含有硫黄的食物，会刺激人的胃黏膜，造成胃肠功能紊乱，影响人体对钙的吸收，还可能造成慢性中毒甚至致癌。

甲醛

常见于用甲醛泡发的水产品，如鱿鱼、海参、虾仁等食物，此外，牛百叶、血豆腐、卤肉、香肠、豆制品、挂面、西瓜、红枣等食物中也可能被加入甲醛。吃了含有甲醛的食物，可能会引起慢性呼吸道疾病；导致头痛、头晕、浑身乏力等症状；造成贫血，身体免疫力下降；更严重的，可能会导致鼻咽癌、骨髓瘤、淋巴瘤等恶性疾病。

吊白块

常见于米面食加工品、米粉、豆腐、豆皮、鱼翅、糍粑等食物中。吃了含有吊白块的食物，会损坏人体的皮肤黏膜、肾脏、肝脏及中枢神经系统，严重的还会导致癌症和畸形病变。

苏丹红

苏丹红是一种人造化学制剂，常用于工业方面，比如溶解剂、机油、蜡和鞋油等产品的染色。但是，很多不法商贩则把它用在食物的染色中，比如红心鸭蛋、辣椒酱、腌肉等。苏丹红是严禁用于食品生产的，因为这种色素有较强的致癌性。

瘦肉精

顾名思义，瘦肉精就是给牲畜食用，让它们长更多的瘦肉，使卖相更好。可是，人在吃了含有大量瘦肉精的肉后，会出现心跳过快、手颤等神经中枢中毒失控的现象。尤其需要注意的是，瘦肉精对高血压、心脏病、糖尿病、前列腺肥大患者的危害更大。

孔雀石绿

孔雀石绿是有毒的化学物质，既是染料，也是杀菌剂，可致癌。它一般用作治理鱼类或鱼卵的寄生虫、真菌或细菌感染，对付真菌特别有效，所以有些鱼场就用它来杀灭池塘里的寄生虫。孔雀石绿有高毒性、高残留等特点，它会进入鱼类体内，吃了这样的鱼，很有可能会致病、致癌。

毛发水

常见于造假的酱油等食品调料中，食用后会对人体造成一定的危害。

色素

食品中的色素包括天然色素与人工合成色素。天然色素对人体基本无害，有的还有一定的营养，甚至有一定的药理作用。但人工合成色素则不然，在很长的一段时间里，由于人们没有认识到合成色素的危害，并且合成色素与天然色素相比较，具有色泽鲜艳、着色力强、性质稳定和价格便宜等优点，许多国家在食品加工行业普遍使用合成色素。现在，越来越多的人对于在食品中使用合成色素会不会对人体健康造成危害提出了疑问。所有的合成色素都不能向人体提供营养物质，某些合成色素甚至会危害人体健康。在巨大的经济利益的驱使下，食品中合成色素的超标、超范围使用现象屡禁不止。所以，大家在购买食品时一定要小心，不要过分追求食品的色泽。

激素

常见于水果、蔬菜中，如番茄、苹果、葡萄、西瓜、水蜜桃等。长期食用含有激素的食物，会使儿童出现性早熟、性特征不明显等恶果。

抗生素

常见于水产品、家禽、家畜肉制品、鲜奶、奶粉等食物中。抗生素会滞留在动物体内，若长期食用含抗生素的肉类产品，可引起消化道原有的菌群失调，同时还可使致病菌产生耐药性；对抗生素过敏的人，还会诱发过敏反应。

防腐剂

常见于酱油、食醋、果脯、果冻、腊肉、腌菜、饮品中。超标使用防腐剂会烧伤肠胃，导致中毒甚至死亡，对儿童、孕妇等特殊人群危害更大。

怎样选购和保存面粉

看色泽

面粉的自然色泽为乳白色或略带微黄色，若颜色纯白或灰白，则为过量使用增白剂所致。应选择色泽为乳白或淡黄色，粒度适中，麸星少的面粉。

嗅气味

正常的面粉具有麦香味。若有异味或霉味，则为增白剂添加过量，或面粉超过保质期，或遭到外部环境污染，已变质。

用牙摩擦

在选购面粉及其制品时，可先将少量面粉及其制品放在嘴里，用牙齿摩擦或用嘴嚼，如发现有泥沙感觉的，就不要购买。

看用途

根据不同用途选择相应品种。制作面条、馒头、饺子等要选面筋含量较高，有一定延展性、色泽好的面粉；制作糕点、饼干则选用面筋含量较低的面粉。

保存

面粉应保存在避光通风、阴凉干燥处，潮湿和高温都会使面粉变质，面粉在适当的贮藏条件下可保存一年，保存不当会出现变质、生虫等现象。在面袋中放入花椒包可防虫。

怎样鉴别"染色馒头"

看

要看是否能在黄色的面粉里看见颗粒。我们平时吃的玉米面馒头，应该呈现出较淡的黄色，色泽并不好，而且面的颗粒分布不均，在掰开后能看到比较明显的颗粒。如果整个馒头黄得很干净、很鲜艳，那多半是添加了色素的，而这种色素多以柠檬黄为主。

尝

由于玉米是粗粮，玉米粉制作的食品吃在嘴里，有些糙。如果吃起来非常细腻，则说明玉米粉加得不多。

浸泡

把玉米、黑米等有色馒头掰成小块，浸泡在开水中。过几分钟观察，如果水转变成明显的馒头色，则很可能是添加过色素的，需要特别注意。

味

玉米面、黑米面等有色馒头闻起来应该有股较淡的粮食香，染过色的馒头香味则很浓，有些甚至还很刺鼻。

型

如果馒头个头特别大，特别白，摸起来很松软，那就是添加了膨松剂。

腐竹挑选也有学问

腐竹口感独特，搭配肉类香味浓郁，佐以蔬菜清香爽口，蛋白质含量很高，常被人们称为"素中之荤"，是老少皆宜的健康食品。怎样才能选到质量好的腐竹呢？

观色泽

腐竹以色泽麦黄、略有光泽的为佳。质量较差的腐竹颜色多呈灰黄色、黄褐色，色彩较暗。有些腐竹，还可能色彩不均匀，深浅不一，属劣质产品。

看外观

好的腐竹，迎着光线，能看到瘦肉状的一丝一丝的纤维组织；质量差的则看不出。还可以看腐竹的断面，呈现蜂窝状空心的质量较好。

闻气味

腐竹由黄豆制成，闻起来有豆香味。没有气味的腐竹，质量稍差。如果有其他气味，如苦涩、酸臭等刺激性气味就不要买了。

用水泡

买回家的腐竹，可以先掰一小段在水中浸泡。泡过的水呈淡黄色且不浑浊的，质量较好。好腐竹用温水泡过后，轻拉有一定韧性，且能撕成一丝丝的。

识别黑木耳的好劣

黑木耳具有降血脂、降血糖、清理肠道等多重功效，很受老百姓的欢迎。面对市场上价格参差不齐、质量不一的产品，用下面介绍的方法，可以挑选优质黑木耳。

看颜色

好的黑木耳正反两面颜色对比明显，腹面黑亮，背面呈黑灰色或黑褐色，如果两面都是乌黑色，则有可能喷洒了化学药剂。

看形状

黑木耳形状直接反映种植的温差情况，温差大则木耳显得边圆耳厚，营养价值较高。此外，黑木耳呈单片状为最优，朵状较次。

看膨发率

将黑木耳泡入水中，500千克干木耳正常可泡出6500千克~7500千克湿木耳，如果泡出的量过少，则可能有掺假。

另外，新鲜木耳中含有一种卟啉类光感物质，人食用后，会随血液循环分布到人体表皮细胞中，受太阳照射后，会引发日光性皮炎。这种有毒光感物质还易被咽喉粘膜吸收，导致咽喉水肿。所以，木耳还是莫尝"鲜"。

怎样选购大米

　　对于很多人来说，大米是主食，所以怎样选购大米是我们必须关注的话题。现在，大米的品种越来越多，怎样才能挑选出口感、营养俱佳的大米呢？

看大米的色泽和外观

　　新鲜大米外观色泽玉白、晶莹剔透；抛光米颜色鲜亮，通透性好；陈米颜色偏黄，米粒浑浊，通透性不好，即使经过抛光加工，通透性依然不好，而且颜色偏白。另外，劣质大米颗粒大小不规则，碎米、杂质较多。所以，色泽玉白、通透性好、颗粒大小规则的米是优质米。

　　再看大米的根部，每一粒大米的根部都有一个向内凹陷的小孔，是米粒与稻秆相连接的部位，新鲜优质的大米根部是白色或淡黄的稻壳色，陈米颜色偏深、发灰、发暗，如发霉变质则发黑、发绿。由于根部向内凹陷，加工对它的影响不大，所以这是区分新米和陈米的一个重要方法。

闻大米的气味

　　新鲜的大米有一股稻草的清香味，抛光加工精度越高味道就越淡，陈米有一种捂过的陈味，矿物油米会有一股淡淡的油腥味，而陈化米为长期储存需用化学药剂进行防潮防霉处理，闻起来有淡淡的化学药剂味道。

尝尝大米的味道

　　取几粒米放到嘴里，标准米表层有富含淀粉、糖类、蛋白质、纤维素、维生素的谷皮层和胚层，感觉有淡淡的甜味，抛光米加工精度越高，表面的谷皮层和胚层就越少，甜味也就越淡，营养自然相对单一。所以，从营养的角度讲，标准米更好一些。陈米的谷皮层和胚层都变成了糠粉，所以甜味就没有了，营养自然也损失不少。

查看包装

　　消费者在购买大米时还应查看包装上标注的内容。根据食品标签通用标准规定，包装上必须标注产品名称、净含量、生产企业、经销企业的名称和地址、生产日期和保质期、质量等级、产品标准号、特殊标注内容等。消费者最好不要购买无标签的大米。不要只图价格便宜，而购买色泽气味不正常、发霉变质的。

如何选购放心肉

1. 到大型超市或副食品商场购买。大型商场管理制度比较健全，有可靠的进货渠道。

2. 销售环境要整洁卫生、井然有序，最好是在具备冰箱、冰柜等制冷设备的低温环境中进行销售。

3. 初步了解各种假冒伪劣肉及肉制品的识别方法，买肉之前别忘"望、闻、问、切"。

4. 购买熟肉制品，要仔细查看标签。规范企业生产的产品包装上应标明品名、厂名、厂址、生产日期、保质期、执行的产品标准、配料表、净含量等内容。

5. 明确所购买的肉及肉制品的生产日期及保质期，而且要尽可能选择透明性的包装。

6. 如果是在集贸市场上购买生鲜肉要看检疫证明和标志；购买猪肉时，应首先看是否有动物检疫合格证明和胴体上是否有红色或蓝色滚花印章；禽类和牛、羊肉类是否有塑封标志和动物检疫合格证明。

怎样鉴别伪劣肉

注水肉

市场上注水肉较多，色泽鲜红、较湿润，看上去"很新鲜"，很多人单凭感官好看，青睐注水牛羊肉。其实，这种肉肌肉组织松软，血管周围出现半透明状红色胶，弹性差、切面闭合慢，且有明显切割痕迹，注意观察凭经验可以识别。

鉴别方法：肉经注水后，水会从瘦肉中渗出。割下一块瘦肉放在盘中，稍待片刻就会有水渗出；另外，用卫生纸或吸水纸贴在瘦肉上，用手紧压，待纸湿后揭下，用火柴点燃，若不能燃烧说明肉中注了水。

有淋巴结的病死猪肉

这类猪肉的淋巴结是肿大的，其脂肪为浅玫瑰色或红色，肌肉为黑红色。切面上的血管可挤出暗红色的淤血。而且脂肪呈灰红色、黄色、绿色等异常色泽。

有瘦肉精的猪肉

这类猪肉异常鲜艳，尤其是猪肝肉脂肪层厚度不足 1 厘米，正常的一般在 2 厘米以上。

日常水果慎防吃了中"毒"

"毒"水果是超范围、超剂量使用化学药剂，严重威胁人们健康的水果。这些"毒"水果都是在生长过程中，过量使用催长素、催红素、膨大素，或者存放中过量使用防腐剂，甚至出售中也使用着色剂、打蜡、漂白染色等，已经成为严重威胁人们健康的公害。

桃：用工业柠檬酸浸泡

水蜜桃用工业柠檬酸浸泡，桃色鲜红、不易腐烂。这种化学残留会损害神经系统，诱发过敏性疾病，甚至致癌。半熟脆桃，加入明矾、甜味素、酒精等，使其清脆香甜。明矾的主要成分是硫酸铝，长期食用会导致骨质增生、记忆力减退、痴呆等问题。

芒果：生石灰捂黄

青芒果用生石灰捂黄，使表皮看起来黄澄澄的，但吃起来却没有芒果味，也存在过量使用防腐剂的问题。

梨：催长素令其早熟

使用膨大素、催长素令其早熟，再用漂白粉、着色剂（柠檬黄）为其漂白染色。处理过的梨汁少味淡，有时还会伴有异味和腐臭味。这种毒梨存放时间短，易腐烂。

香蕉：用氨水催熟

用氨水或二氧化硫催熟，这种香蕉表皮嫩黄好看，但果肉口感僵硬，口味也不甜。而且，二氧化硫会对人体神经系统造成损害，还会影响肝肾功能。

西瓜：膨大剂催大

超标使用催熟剂、膨大剂和农药，这种西瓜皮上的条纹不均匀，切开后瓜瓤新鲜，瓜子呈白色，有异味。

柑橘和苹果：工业石蜡抛光

柑橘类水果储存中常超量使用防腐剂，在出售中用着色剂"美容"，用工业石蜡抛光。工业石蜡的杂质中含有铅、汞、砷等重金属，会渗透到果肉中，食用后会导致记忆力下降、贫血等症状。给苹果打上工业石蜡，目的是保持水分，使果体鲜亮有卖相。

如何识别桶装水

看桶的颜色：颜色过蓝有问题

食品级 PC 材料应该是透明无色的，但市场上的水桶大多呈蓝色，这个给人清凉之感的颜色来源于 PVC 材质（已被证实含有塑化剂）。水桶颜色过深，说明废料加得越多，也会掩盖水质缺陷，透明或淡蓝色的桶比较安全。

看桶的外观：桶口刺手是劣质

检查水桶质量，劣质桶从外观上看颜色深，摸上去高低不平，特别是桶口摸着刺手，正品桶则表面光滑。

看桶底：两个标志不能少

正规桶的生产厂家多在桶底写上生产厂名和标志、材料品号、生产日期等，劣质桶则没有。尤其要注意两个 QS 标志：一是桶装水的标签必须要贴上 QS 标志；二是其所用的水桶上面，也要有水桶生产企业的 QS 标志，两者缺一不可。

看封口：假水封模薄

假水封口处的热缩膜一般较薄，多用电吹风吹烘而成，褶皱不平。真的桶装水封口的膜较厚，色泽光感强，紧且平整。

看桶内水的颜色：清澈才是好水

合格的饮用水应该无色、透明、清澈、无异味、无杂质，没有肉眼可见物。

温馨提醒

◇饮水机在使用 2 个月后要彻底清洗消毒一次，为了保证消毒质量最好由供水单位的专业消毒人员操作。

◇不应该长时间饮用同一牌子的桶装水，而应该几种水交替饮用，这样可以防止因缺乏某种人体必需微量元素而引起的疾病。

◇将饮水机放置于阴凉处，避免桶装水在阳光下曝晒，影响水的质量。

◇开封后的桶装水最好在 10 天内饮用完。

月饼选购及食用指南

月饼分类

我国月饼品种繁多，按产地分有：京式、广式、苏式、台式、滇式、港式、潮式、甚至日式等；就口味而言，有甜味、咸味、咸甜味、麻辣味；从馅心讲，有五仁、豆沙、冰糖、芝麻、火腿月饼等；按饼皮分，则有浆皮、混糖皮、酥皮三大类。

如何选购月饼

1.检查生产企业全称、详细地址是否标注在包装显著位置上。

2.检查产品执行标准是否明确标识。

3.检查原辅料、净含量等指标是否明示。

4.检查保质期、保存期及生产日期是否标明。

5.检查产品是否有合格证明。

6.检查包装盒是否完好无损，通过可视口看月饼贴体包装是否完好。

月饼的正确食用

近几年，月饼市场种类繁多，出现了无糖月饼、冰皮月饼、水果月饼、杂粮月饼、素食月饼、鲜花月饼、食用菌月饼等，适合不同人群需要。

1. 先吃咸后吃甜。如有甜、咸两种月饼，应按先咸后甜的顺序来品尝。这是由于人们的味觉器官——舌头对于各种味道的感觉敏感程度不一样，只有先吃咸的再吃甜的，才能吃出味道来，反之则难以领略到月饼的特殊风味。

2. 吃月饼要适量。月饼中糖和脂肪的含量很高，因此吃月饼不宜过量，更不能用月饼代替正餐。月饼吃多了，会使血糖升高，血液黏度增加，容易引发胰腺炎和心脑血管疾病。尤其是糖尿病、高血压、高血脂、冠心病的患者，更要限制月饼的食用量。

3. 要吃新鲜月饼。过节时人们往往一次买许多月饼，而月饼放置时间久易引起馅心变质，吃后容易发生食物中毒。因此，月饼最好随买随吃。

4. 吃月饼时若佐以清茶。一则可解油腻、助消化；二则可细嚼慢咽，增味助兴。一般来说，吃咸月饼以喝乌龙茶为好，吃甜月饼以饮花茶为佳。

了解食品安全常识

食品安全是指消费者在摄入食品时，食品中不含有毒有害物质，不存在引起急性中毒、不良反应或潜在疾病的危险性。不安全食品是指食品中含有毒有害物质，对人体健康造成不良影响。食品中存在"有毒有害物质"和"对人体健康造成不良影响"同时存在的情况下，才认为构成了一个食品安全问题。

理性看待食品安全

对待食品安全，我们必须要有科学的认识，保持一个正确的态度。一方面要多学习、了解和掌握一些必要的食品安全常识，多关注科学松鼠会、果壳网等科学网站，增强自我防护能力，比如吃水果要削皮，翻热食品、饭菜一定要充分加热。另一方面，不要因噎废食，一出现食品安全问题，就认为所有食品都存在问题，什么也不敢吃。有毒有害物质对人体造成危害，必须达到一定的剂量，并且是一个长期的刺激。人体自身有排毒机制，能把进入人体的有毒物质转化成无害的代谢物排出体外。所以偶尔一次或者几次有食用过存在安全问题的食品也不必盲目担心。

如何选择安全食品

尽量选择在大商场、超市购买正规食品。正规商场、超市的食品相对生产条件、标准比较规范，其货源、供源比一般的批发、农贸市场更安全可靠。

如何营养、健康、安全饮食

食物多样化。食物多样化是中国居民膳食指南的第一条，保证人体有均衡营养，在食品安全上同样适用。食品安全不是"零风险"，食物多样化可以把风险化解。每个人的身体状况都不一样，老人、妇女、儿童更不一样，最主要的是营养均衡、不偏食。按照卫生部、中国营养学会所提倡的居民膳食营养宝塔结构，比如每天食用多少谷物类，每天饮食的盐不能超过多少量，糖不能超过多少量，脂肪、蛋白质应达到多少量等等，应该多样化、合理化摄取。

后 记

  每个人都拥有自己的梦想、事业、生活、家庭，但这一切都是要以"健康地活着"作为前提。然而，"月有阴晴圆缺，人有旦夕祸福"——辛勤的工作、努力的拼搏、多年的积累甚至包括生命本身，都很可能在一次灾难中"彻底归零"。

  纵观人类的灾难史，我们可以发现：在面临灾难之时，往往一些简单的应对技巧和平时为人忽视的常识，或许就可以让一条鲜活的生命从死神的门前退出来。因此，珍爱自己的生命和健康——从学习日常生活中的安全常识和逃生技巧开始！这，就是这本书将要告诉你的如何安全生活的核心内容。

  当然，任何技巧方法都不是万能的。当我们遇到危险时，首先要尽快地镇静下来，迅速对自己所处的环境进行安全判断；然后再根据生存技巧的指引，随机应变地做出反应。这样才能让书本上的方法真正成为你自己的护身符，提高我们在灾害中的生存几率。

  据大部分人的教育与成长实践可知，学校教育往往缺乏实际有用的安全常识课程。面对自然灾害、各种安全事故时，未掌握生存技巧和常识的人们往往只能靠感觉行事，在灾难中靠"运气"求生。"生命诚可贵，安全价更高"，我们不能再对自己的生命漠不关心。人生旅程中，我们可以错过一些事情，但绝对不能再错过这一课。

  只要读过本书，补上这一课，就能够给自己和家人的生命安全再增加一层保障。

编者：颜 俊

2012 年 10 月 21 日于深圳